Claus Eurich

# FÜHRUNGSKUNST

Ethik • Kommunikation • Motivation
Vision • Integrale Vernunft



vianova
Verlag Via Nova

1. Auflage 2015

**Verlag Via Nova, Alte Landstr. 12, 36100 Petersberg**

Telefon: (06 61) 6 29 73

Fax: (06 61) 96 79 560

E-Mail: info@verlag-vianova.de

Internet: www.verlag-vianova.de

Umschlaggestaltung: Guter Punkt, München

Satz: Sebastian Carl, Amerang

Druck und Verarbeitung: Appel & Klinger, 96277 Schneckenlohe



ISBN 978-3-86616-346-1

## Was Sie in diesem Text erwarten können

- Einen kompakten Überblick über die Ansprüche an kompetente Führung und Selbstführung.
- Die zentralen Elemente einer integralen Vernunft für Führungskräfte.
- Die ethischen Herausforderungen für Führung in der Gegenwart.
- Wie ich empathisch, gewaltfrei und zugleich zielorientiert und erfolgreich kommunizieren kann.
- Wie intrinsische Motivation gelingt.
- Warum Scheitern auch eine Chance ist.

# INHALTSVERZEICHNIS

# 1.
# EINLEITUNG

*„Ein Beispiel zu geben ist nicht die wichtigste Art, wie man andere beeinflusst. Es ist die einzige.“*
ALBERT SCHWEITZER

Führungskräfte sind Menschen, die in unterschiedlichsten gesellschaftlichen Bereichen und in unterschiedlichsten Positionen Verantwortung für andere Menschen tragen und wegweisend Orientierung geben. Führung geht voran, analysiert, klärt, ermutigt und ermöglicht. Sie verhält sich beispielhaft, sei es in der Wirtschaft, in der Politik, in der Bildung im Gesundheitswesen. Man muss dafür also nicht an der Spitze eines Unternehmens oder einer Organisation stehen. Ich kann Führung auch leben, ohne in der definierten Position einer Führungskraft zu sein. Zu diesem Verständnis gehört allerdings auch, dass Führung kein Anspruch auf Dauer, sondern immer ein Charisma auf Zeit darstellt. Aus einer einmal erlangten Führungsposition kann kein Anspruch auf deren Perpetuierung abgeleitet werden!

Führungskompetenz heute meint neben den als selbstverständlich vorausgesetzten fachlichen, inhaltlichen und operativen Fertigkeiten vor allem die Balance zwischen kulturellen, gesellschaftlichen, ökonomischen und ökologischen Zielen. Getragen wird dieses Führungsverständnis von einer geistigen und ethischen Haltung, die sich als Dienst an der Organisation und an den Mitarbeitern, an Kultur und Gesellschaft, aber auch am Leben insgesamt versteht.

In früheren Generationen bedurfte es für Führung neben Sachkompetenz und der Identifikation mit der Aufgabe vor allem persönlicher Stärke und Selbstsicherheit. Allerdings waren die betriebliche Binnenwelt sowie die politische und ökonomische Außenwelt weitgehend kalkulierbar und mit längerfristigen Planungshorizonten ausgestattet. Das hat sich grundlegend geändert. Eine stabile Außenwelt mit verlässlichen ökonomischen und gesellschaftlichen Koordinaten existiert nicht mehr. Umso wichtiger werden die inneren Kompetenzen der Führungspersönlichkeiten und die Ausrichtung auf die aus der äußeren Instabilität notwendig folgenden inneren Veränderungen in Systemen. Gefordert ist heute eine integrale Führung, die sich den Entwicklungspotentialen der Mitarbeiter zuwendet und die dabei der eigenen Persönlichkeitsentwicklung eine herausragende Bedeutung zuweist. Integrale Führung bedeutet, die eigene Organisation in einer sich rapide wandelnden globalisierten Umwelt als einen offenen Prozess zu sehen und anzuerkennen. Sie akzeptiert und respektiert gemeinsam entwickelte Grundorientierungen und Grundregeln und entwickelt diese kontinuierlich fort.

Die Ansprüche und Erwartungen an ein kompetentes und nachhaltiges Führungshandeln sind somit größer geworden – gesellschaftlich, kulturell, in den Organisationen und Unternehmen, im Selbstbild der Führungskraft. Für das Einlösen dieser Ansprüche gibt es nicht *den* Königsweg, sondern immer nur die Suche nach Orientierungen, die der einzelnen Führungskraft in Verbindung mit ihrer Organisation gerecht werden. Sie sollten sich zugleich durch Nachhaltigkeit auszeichnen und dem Leben dienen. Führungskräfte, die sich dieser an sich großartigen Herausforderung stellen, werden neben dem notwendigen Wissen durch innere Weite und zugleich Stabilität getragen, durch visionäres Denken und zugleich einen bodenständigen Praxisbezug, durch geistige Tiefe und pragmatische Alltagsethik, durch die Verbundenheit mit dem Ganzen und zugleich eine konkrete Problemsicht. Dieses Verständnis von Führung zieht sein Selbstverständnis aus der Tiefe der ethischen Beheimatung, in der die Führungskräfte leben und wofür sie nicht nur in ihrem professionellen, sondern auch in ihrem alltäglichen Handeln stehen.

## Dem Leben dienen

Ethisch fundiertes und visionäres, vorausschauendes Führungshandeln sieht sich durch seine Vorbildfunktion in herausragender Verantwortung nicht nur für die eigene Organisation, sondern für unsere Kultur an sich. Es integriert Innen und Außen, die Beziehung zu Umwelt und Mitwelt, um erfolgreich, planend und nachhaltig agieren zu können. Sich selbst zu führen, mit sich selbst im Reinen zu sein, wird zur Voraussetzung für die Führung anderer Menschen. Eine so verstandene Führung als Dienst am Leben ist ein tiefenkulturelles Konzept. Es hat den ganzen Menschen im Blickfeld.

Damit Gesellschaft, Politik, Kultur und Wirtschaft in lebensdienlicher Weise agieren, braucht es deshalb neben planender Voraussicht, gesunden Märkten und regelnden Institutionen immer auch das Ethos. Fehlt dieses bzw. wird es aus Gründen kurzfristiger Zielorientierung geschwächt, erodieren über kurz oder lang auch die anderen Faktoren und brechen irgendwann zusammen. Genau das ist die Lehre aus der sogenannten Wirtschaftskrise, und das belegen die mannigfachen politischen und kulturellen Krisen auf diesem Planten, die, genau genommen, Werte- und in der Folge Vertrauenskrisen sind.

Lässt sich das Ethos konkretisieren?

Zukunftsorientierte und nachhaltige Führung lebt anstelle der dominierenden Ego-Kultur einen Geist der Verbundenheit. Sie zieht ihre Identität nicht aus Abgrenzung, Spaltung, Konkurrenz und Anderssein, sondern aus einer Klarheit, die sich aus der Liebe zum Leben speist. Das tragfähige Fundament dafür beruht auf überzeitlichen und interkulturell gültigen Normen und Wertvorstellungen, die nicht der Beliebigkeit sich verändernder politischer und/oder ökonomischer Opportunitäten bzw. veränderter Rahmenbedingungen unterliegen.

Ziehen wir in diesem Zusammenhang zunächst vier historische Anleihen heran:

1) **Thomas von Aquin** (1225-1274) formulierte in Anlehnung an **Aristoteles** (384-324 v.Chr.) vier Kardinaltugenden: Klugheit, Gerechtigkeit, Tapferkeit, Maß.
   *Klugheit* verstand Thomas als wirklichkeitsgemäßes Denken und Handeln. Sie orientiert auf die Wege des Guten hin, gibt der lebensorientierten Vernunft die rechte Ordnung, den praktischen Bezug und damit den Adel, angemessen zu sein. So steht sie wegweisend über den anderen Tugenden. Wir können diese Kunst der Beratung und Führung heute als die Anerkennung des bewussten geistigen Wachstums des Menschen an sich und von Verantwortungsträgern im Besonderen verstehen sowie einen darauf gegründeten konvivia-

len, also den Bedürfnissen des Lebens zugewandten Entwicklungsschub. Die Klugheit ist so die lebenspraktische Spiegelung der überzeitlichen Weisheit.

*Gerechtigkeit* nach Thomas meint, jedem sein Recht zuzuerkennen. Gerechtigkeit ordnet die Beziehungen zwischen den Menschen, und zwar sowohl auf der persönlichen als auch auf der sozialen, gesellschaftlichen, gemeinschaftsorientierten Ebene. Die Gemeinwohlorientierung steht dabei im Fokus. Gerechtigkeit hat zwei Richtungen: zwischen den Individuen (iustitia legalis) und von dem Sozialwesen auf die einzelnen Mitglieder zu (iustitia distributiva). Auf Führung bezogen ließe sich sagen: Wo Liebe ist, wird Handeln per se gut und gerecht. Liebe allerdings, und das aus ihr erstehende Handeln, kann sich heute nicht mehr auf den Menschen und seine Systeme allein begrenzen. Vielmehr beziehen sie sich, vom Geist umfassender Verbundenheit herkommend, auf das Leben in all seinen Äußerungsformen und auf dessen Schutz, dessen Pflege und dessen Ermöglichung.

*Tapferkeit* wird als die Bereitschaft verstanden, im Kampf für die Verwirklichung des Guten, Verletzungen, im Zweifelsfalle bis zum Tode, hinzunehmen. Tapferkeit also setzt die Bereitschaft zur Verwundbarkeit voraus. Was die Klugheit als gut erkannt und in der Gerechtigkeit seine lebensorientierte Gestalt findet, wird erst

durch die Tapferkeit entgegen den Widerständen und Hemmnissen ermöglicht. Das heißt aber auch, dass Klugheit und Gerechtigkeit der Tapferkeit vorausgehen bzw. sie begründen. (Vgl. Pieper 1934)
Authentizität, Wahrhaftigkeit, Selbstachtung und eine Entscheidungsklarheit, die aus der Vernunft und dem Herzen kommt und vor persönlichen Folgen für die Führungskraft nicht zurückschreckt, wäre hier eine zeitgemäße Umschreibung.
*Maß* als Mäßigung im Gesamtverhalten der Person, die eine uneigennützige Selbstbewahrung zum Ziel hat, das hätte Thomas wohl gesagt. Und er hätte angefügt, dass dies nur wider die dem Maß entglittene Selbstzerstörung und wider die damit verbundene Verfremdung der Wirklichkeit in der Wahrnehmung geht.
Bescheidenheit, Genügsamkeit, Lebensorientierung und Überschaubarkeit sind hier die aktuellen Attribute. Hinzu tritt die heute unausweichlich gewordene Fähigkeit, Grenzen zu erkennen und zu respektieren – Grenzen des Wachstums, des Möglichen und Machbaren, Grenzen meiner selbst!

2) **Immanuel Kant** (1724-1804) fordert in seinem berühmten Kategorischen Imperativ, dass wir immer nur nach solchen Grundsätzen handeln sollten, von denen wir wollen, dass sie zugleich ein allgemeines Gesetz sein

könnten. Entscheidend ist dabei für ihn die Intention des Handelnden.
Für Führung gibt es hinter diesen Anspruch kein Zurück. Er fordert, sich des Prinzipiellen und Grundsätzlichen bewusst zu sein, das mit jedem Handeln verbunden ist und einer entsprechenden Folgenhaftigkeit, die vom Ganzen und nicht nur von momenthaften Sonderinteressen her gedacht ist. Dieser Imperativ bedarf jedoch heute, wo die Lebensgrundlagen auf dieser Erde bedroht sind, einer Erweiterung, die über die bei Kant noch vorhandene Verengung auf den Menschen hinausweist.

3) **Hans Jonas** (1903-1993) leistete dies in seinem großen moralphilosophischen Werk „Das Prinzip Verantwortung“ (1979). Dort mahnte er, immer so zu agieren, dass die Wirkungen unserer Handlungen der Permanenz echten menschlichen Lebens auf Erden dienen. Er brachte damit indirekt die Schutzrechte mit ins Spiel, die wir auch dem anderen Leben auf diesem Planeten, den Tieren und Pflanzen zugestehen bzw. entgegenbringen müssen – auch um unseres eigenen Wohles willen. Er führte dazu einen Vorsichtsfaktor für das menschliche Handeln ein, die „Heuristik der Furcht“. Sie besagt, dass wir, bevor wir irreversible Entscheidungen und Handlungen vornehmen, uns mit den

schlimmstmöglichen Folgen des Tuns auseinandersetzen sollten.

4) Den entscheidenden Schritt weiter schließlich finden wir bereits einige Jahre vor Jonas bei dem Friedensnobelpreisträger, Urwaldarzt, Lebensethiker und christlichen Mystiker **Albert Schweitzer** (1875-1965). Von seiner Grundeinsicht herkommend, dass wir Leben sind, das leben will, inmitten von Leben, das leben will, lässt sich der Imperativ so formulieren: *Handle immer so, dass du in allem, was du denkst, tust und nicht tust, dem Leben dienst*.
Dies ist der Schritt über den Menschen hinaus auf alle Lebensformen und deren Lebensgrundlagen zu. In den globalisierten Gegenwartskulturen erfordert eine solche Orientierung heute zudem, dass zu unserer liebenden Zuwendung und Verpflichtung in Nahbereichen auch die Zuwendung und Verpflichtung gegenüber den Ferneren und Fernsten tritt. Es sollte mit Hans Jonas zur Nächstenliebe die Fernstenliebe treten.

Lebensorientierung, Nachhaltigkeit, daraus resultierende Klarheit und tätige Liebe stellen danach die Eckwerte für ein umfassendes Führungs- und Wirtschaftsethos dar. Daran knüpfte übrigens bereits 1992 die Konferenz für Umwelt und Entwicklung der UN in Rio de Janeiro an, als sie die AGENDA 21 verabschiedete. Ihr schlossen sich 170 Staaten als Aktionsprogramm für ihre Gemeinden an, und sie können als Fundament für ein zukunftsbezogenes wirtschaftliches Handeln gesehen werden. Die Schlüsselforderungen sind: Nachhaltigkeit/Sustainability, Verteilungsgerechtigkeit, ganzheitliche Sicht der globalen Interdependenzen und Zusammenhänge, Genügsamkeit, Artenvielfalt und Bescheidenheit/Humility. Mit diesen Kriterien, vor allem auch dem zuletzt genannten Aspekt der Bescheidenheit, vertragen sich keine herkömmlichen ökonomischen Fortschrittsphilosophien und keine Wertvorstellungen mehr, die auf dem Dogma quantitativen Wachstums gründen.

Mit diesen Ansprüchen an Führungshandeln gehen neben der existentiellen und humanen Bedeutung an sich immer auch neue unternehmerische und politisch-gesellschaftliche Chancen einher. Sie schränken also die menschliche Handlungsfreiheit an sich nicht ein, sondern erweitern sie hinein in den unendlichen Raum des Lebensdienlichen. Was an Handlungsoptionen fortfällt, ist lediglich das Lebensschädigende. Da das, zu Ende gedacht, aber dem Leben selbst die Grundlage entzieht, muss es als Option grundsätzlich ausgeschlossen bzw. kann nicht als Freiheitsrecht eingefordert oder gar eingeklagt werden.

# 2.
# GRUNDORIENTIERUNGEN UND GRUNDKOMPETENZEN INTEGRALER FÜHRUNG

## Selbstwahrnehmung, Selbstführung, Selbstkonzept

Dass, wer andere Menschen führen will, über hinreichend *Lebenserfahrung* und *Menschenkenntnis* verfügen sollte, ist wohl genauso selbstverständlich wie eine innere Haltung des *Respekts*, der *Wertschätzung* und der *Liebe* zum Leben. Sie gehen der *Klarheit* und dem *Verantwortungsbewusstsein* voraus, die nicht nur in grundlegenden strategischen Entscheidungen, sondern auch in den kleinen Alltagshandlungen erforderlich sind. Sie bilden das Fundament für eine Werteorientierung, die versucht, dem Lebensimperativ gerecht zu werden.

Die dramatisch gestiegene Komplexität der gesellschaftlichen, politischen und ökonomischen Strukturen und das Erkennen, wie sehr nahezu alles zusammenhängt, fordert von Führungskräften heute neben der Fach- und Sachkompetenz ein grundlegendes und kontinuierlich zu erneuerndes

*Überblicks- und Zusammenhangswissen*. Ohne Fertigkeiten in der Kunst des Überblicks bleiben jene Kontexte oft unerkannt, die Voraussetzung zur angemessenen Situationsanalyse und Einschätzung von Handlungsoptionen sind. Das *systemische Denken und Analysieren* stellt hierbei eine große Hilfe dar. Im systemischen Ansatz nehmen wir die wechselseitige Verbundenheit allen Lebens in den Blick und lernen, die Teile in größeren Zusammenhängen zu sehen und zu verstehen. Wechselwirkungen treten offen zutage. Dann werden Probleme immer auch als dem Systemzustand und der Eigendynamik von Systemen und nicht bloß als einzelnen Personen oder einzelnen Elementen geschuldet, erkennbar. So lassen sich die notwendigen Entwicklungs- und Veränderungsprozesse der Organisation bzw. des Unternehmens als Balance zwischen Bewahren und Innovation, zwischen Tradition und Evolution angemessen gestalten. Sie rekurrieren auf Ursachen und nicht lediglich auf Symptomen. Auch dem Umstand, dass Führung immer mit Widerständen zu tun hat und damit umgehen muss, kommt der systemische Ansatz entgegen; er erleichtert das Erkennen verdeckter Interessen, die in einzelnen Personen, ihren Charaktereigenschaften und Lebensumständen ruhen bzw. die mit der Wahrnehmung bestimmter Funktionen durch bestimmte Personen verbunden sind. Er stellt schließlich ein wesentliches Fundament für die *Selbstreflexion* und die *Selbstführung* von Leadership dar.

Ausgangspunkt jeder Selbstführung ist die grundsätzliche *Analyse*

- der eigenen Denk- und Handlungsmuster
- der eigenen Weltbildkonstruktion
- der Selbstwahrnehmung bzw. des Selbst- und des Fremdbildes von mir
- der Kontextwelt, unter deren Einfluss ich mich sehe
- der Gefühle, die in mir leben, und der Resonanz, die sie in Emotionen und in der Sprache des Körpers auslösen
- des Unbequemen, das ich zu verdrängen trachte
- der unerlösten Aggressionen
- der Ängste und Unsicherheiten
- der Träume und Sehnsüchte, die in mir leben
- des Vorbewussten und des Unbewussten (mit professioneller Hilfe).

Fortsetzung finden Selbstreflexion und Selbstführung in der bewussten und zielorientierten *Wahrnehmung* der Perspektiven, die von der Führungskraft hinsichtlich des eigenen Unternehmens, aber auch seitens der Mitarbeiter und seitens externer Bezugsgrößen eingenommen werden:

- Wie verhält sich die eigene Perspektive zu der anderer Personen?
- Welche divergierenden Einzelauffassungen nehme ich wahr?

- Wie gelingt es mir, Perspektivwechsel zu vollziehen und sie zu kommunizieren?
- Welche Gefühle und Erwartungen entstehen aus der eigenen Perspektive und der anderer Beteiligter?
- Wie nehme ich aus der Perspektive der Organisationsinteressen wahr?
- Wie fließen meine eigenen Perspektiven mit denen anderer zu einer übergeordneten Organisationsintelligenz zusammen, die mehr meint als die Summe von Einzelaspekten und Einzelinteressen und die als Kernziel das Überleben der Organisation und seine Weiterentwicklung in sich trägt?

Das dritte Element der Selbstreflexion und Selbstführung schließlich bilden die *Einstellungen*, innerhalb derer ich mich orientiere, bewege und verhalte. Hier geht es um die Arbeit vor allem an folgenden Grundsätzen:

- Die Organisation bzw. das Unternehmen sind dynamische Systeme in einem kontinuierlichen Fluss der Veränderung. Das schließt Statik und ein darauf bezogenes Anspruchsdenken aus. Erbhöfe existieren nicht, und jede Position ist ein Charisma auf Zeit. Dies gilt für Führung in besonderem und vorbildhaftem Maße. Damit verbundene Veränderungsängste allerdings gilt es zu registrieren und bei Entscheidungsfindungen zu berücksichtigen.

- Lernfähigkeit, Wandlungs- und Veränderungsbereitschaft der Organisation bewegen sich zwischen notwendiger Konstanz und Stabilität auf der einen sowie Offenheit für Fremdes, Ungewohntes, ja bislang Fragwürdiges auf der anderen Seite. Sie leben somit von der Bereitschaft, Widersprüche nicht nur zu erkennen, sondern sie auch so lange auszuhalten, bis eine angemessene Problemlösung sichtbar wird. Als „angemessen" möchte ich dabei die Überwindung von dualistischen Perspektiven bezeichnen und die Einbeziehung des bislang noch nicht Gedachten in die Problemlösungsstrategie.
- Viel mehr als Kontrolle ist Vertrauen in sich und andere das Fundament erfolgreicher und nachhaltiger Führung. Vertrauen mindert die Kontingenz, die Unberechenbarkeit der Organisations- sowie der Lebenswirklichkeit insgesamt. Es basiert auf Achtung, Wertschätzung und Respekt. Es fördert gegenseitige Verlässlichkeit und das Zustandekommen von tragfähigen Vereinbarungen. Es stärkt zudem die Kommunikationsbereitschaft und in der Folge die Effizienz. Vertrauen ist im Zweifelsfall als einseitige Vorleistung der Führungskraft zu erbringen.

Analyse, bewusste Wahrnehmung und Einstellungen münden in Verbindung mit der verinnerlichten Werteorientierung in ein klares *Selbstkonzept*, das den souveränen und gelassenen Umgang mit anderen Positionen zulässt. So wird Führung authentisch, glaubwürdig, relevant und innovativ zugleich. So entsteht in einem positiven Sinne Autorität.

## Motivation

Regalmeter lassen sich mit Literatur über Mitarbeiter-Motivation füllen. Von der betrieblichen und organisationsbezogenen Erfahrung her betrachtet, sind die folgenden Aspekte relevant:

Auch wenn beide sich nicht grundsätzlich ausschließen, hat die *intrinsische Motivation* Vorrang vor der extrinsischen. Extrinsische Motivation setzt auf äußere Anreize, wie materielle oder stastusbezogene Belohnungen. Sie arbeitet mit Prämien, Incentives (Einladung zu Reisen oder Events), öffentlichen Belobigungen. Bei den Mitarbeitern speist sie sich aus einem auf die Außenwahrnehmung hin ausgerichteten Selbstkonzept, auf Rollenzuweisungen, Statusgefühle und entsprechende Erwartungshaltungen. Sie ist wenig nachhaltig, äußerst abhängig von Rahmenbedingungen und entsprechend krisenanfällig. Um kurzfristig Projekte zu pushen, kann sie jedoch hilfreich sein.

Arbeit, die sich aus intrinsischer Motivation nährt, geschieht um ihrer selbst willen, aus Freude und Begeisterung. Ihr Antrieb stammt und erneuert sich aus Überzeugung. Sie bedarf weder der Ermahnung noch der Kontrolle und auch nicht des Blicks auf persönliche Vorteile. Ihre Belohnung liegt eben darin, dass sie sich durch sich selbst beschenkt. Gleichwohl hängt die intrinsische Motivation, wenn sie auf eine längere Dauer hin angelegt sein soll, von einigen Bedingungen ab, für die Führung zuständig ist und verantwortlich zeichnet:

- Weitgehende *Selbstbestimmung* innerhalb der Rahmenbedingungen, die eine Organisation zulassen kann. Dazu gehören ausgeprägte Freiheits- und Gestaltungsgrade.
- Weitgehende Freiheit hinsichtlich der äußeren *Gestaltung des Arbeitsplatzes* bzw. des Arbeitsumfeldes, soweit dadurch nicht die Corporate Identity bzw. das Corporate Design gestört werden.
- Erspüren und *Freisetzen der Potentiale* von Mitarbeitern durch die Führungskraft, denn nichts ist so lähmend wie Unterforderung, die nicht selten in einem Boreout mündet. Vergleichsweise desaströs ist aber auch eine Überforderung, die auf ein Verkennen der Kompetenzen zurückgeführt werden kann.
- Sicherstellung der finanziellen, personalen und materiellen *Ressourcen*, die zur Zielerreichung erforderlich sind.
- Realistische Zielvorgaben, die gleichwohl mit *Herausforderungen* verbunden sind.

- *Feedbackkultur*, die auf den Grundsätzen der Wahrhaftigkeit, der Angemessenheit und der Fairness basiert. Wir können sie als einen arbeits- und verhaltensbezogenen systematischen Dialog über Erwartungen, Ergebnisse, Wahrnehmungen und Erfahrungen sehen. Dieser Dialog sollte hinsichtlich geäußerter Einschätzungen, Urteile, und Begründungen transparent, authentisch, einfühlsam und fair geführt werden. In ihm werden systemische und persönliche/personenbezogene Ebenen nicht miteinander vermischt. Aus dem Blickwinkel der Führungskraft steht die Weiterentwicklung der Organisation, des betroffenen Arbeitsbereichs und der Leistungsfähigkeit des Mitarbeiters im Fokus. Aus der Perspektive des Mitarbeiters sollte angemessenes Feedback als eine wohlwollende, unterstützende und weiterführende Prozessbegleitung wahrgenommen werden. Sie will aufbauen und nicht infrage stellen oder verunsichern. Feedback hilft dabei, das eigene Verhalten mit den Erfordernissen der betrieblichen Umgebung zu synchronisieren. Als zentrales Element auch für anspruchsvolle Arbeitsleistungen ruht es auf einer wertschätzenden Grundhaltung.
- *Fehlertoleranz* baut einem angstbesetzten Arbeiten und Handeln vor. Ohne Fehlertoleranz, selbstredend nur in Bereichen, in denen das zu verantworten ist, gibt es keine Leistungsspitzen. Zur ihr gehört, dass die

Führungskraft den eigenen Anteilen an Fehlern, die passiert sind, und den eigenen Verantwortlichkeiten nachspürt und diese so offen kommuniziert, wie es erforderlich ist, um Prozessabläufe zu verstehen.
- Möglichst weitgehende *Integration von Beruf und Familie*, zumindest aber die Sicherstellung familienfreundlicher Arbeitsbedingungen und einer entsprechenden Flexibilität. Berufliche Tätigkeit und familiäre Planungen und Entwicklungen sollten kein Widerspruch sein.

Hinsichtlich der Motivierung der Mitarbeiterschaft gilt grundsätzlich, sich von einem Denken in Patentrezepten zu befreien und jeweils an der Eigenheit und der Komplexität eines jeden einzelnen Menschen anzusetzen.

Der Person und der Organisationskultur angemessenen Motivations-Strategien geht die Analyse der *Motivationsblocker* voraus, die auf verschiedenen Ebenen existieren können.

Was das Unternehmen bzw. die Organisation selbst betrifft, sind dies:
- Eine fehlende Vision und ein schwaches Identitätsbewusstsein
- Entfremdung hinsichtlich der Beziehung von eigener Arbeit und dem betrieblichen Gesamtprozess

- Fehlende innerbetriebliche Transparenz hinsichtlich der zentralen Abläufe und Entscheidungen
- Keine durchgängig offenen Kommunikationsstrukturen
- Der Wert des einzelnen Mitarbeiters wird nicht deutlich.
- Die Selbstbestimmungsspielräume sind zu eng bemessen.
- Es fehlt eine Anerkennungs- und positive Kritikkultur.
- Arbeitsplätze sind unsicher.
- Die Entlohnung ist unangemessen.
- Fehlende Unterstützung in familiären Fragen.

Bei den Mitarbeitern können folgende Faktoren direkt und in der Wahrnehmung bei anderen hinzutreten:

- Arbeitsbedingte gesundheitliche Beeinträchtigungen und/oder körperlicher/emotionaler Stress
- Fehlende Flexibilität und fehlende innere Bereitschaft zur Weiterbildung
- Selbstgerechtigkeit und Selbstgefälligkeit
- Egozentrismus
- Sich als Opfer sehen und diese Rolle kultivieren
- Kein verlässlicher innerer Wertehorizont
- Fehlende Integrität und Loyalität
- Keine offene und faire Kommunikation
- Schroffe Kommunikationsweisen bzw. kriecherische Unterwürfigkeit.

Führungskräfte werden zu einem Problem für die betriebliche Motivationskultur, wenn:

- ihnen eine ganzheitliche Vision des Unternehmens und ein darauf bezogenes integrales Denken fehlen;
- sie über keinen verlässlichen und kommunizierbaren inneren Wertehorizont verfügen;
- sie nur ertrags- und nicht menschenorientiert handeln;
- sie sich als innovations- und beratungsresistent erweisen;
- sie die Organisation als Struktur und nicht als offenen Prozess sehen;
- sie klassisch hierarchisch denken und sich dadurch eher an Funktions- statt an Kompetenzhierarchien orientieren;
- sie die innere Bereitschaft zur kontinuierlichen Weiterbildung vermissen lassen;
- selbstgerecht und emotional unausgeglichen sind;
- sie die Fähigkeit zu empathischer und zugleich zielführender Kommunikation vermissen lassen;
- sie keine Kultur des Abschaltens und der Muße (vor) leben.

Viele der aufgezählten Hindernisse für eine erfolgreiche und zugleich menschenfreundliche Organisations- und Unternehmenskultur wurzeln noch immer in einer dramatischen Unterschätzung des Faktors Kommunikation und hier insbesondere der Führungskommunikation. Auf sie richten wir im Folgenden das Augenmerk.

# 3. DIE BASIS ALLEN FÜHRUNGS-HANDELNS: EMPATHISCHE UND GEWALTFREIE KOMMUNIKATION

Wenn eine kurze Umschreibung dessen, was der Mensch sei, trifft, dann ist es der Verweis auf das Sein als Kommunikation. Wir wären nicht ohne sie. Alles, was wir tun und nicht tun, was wir sagen und verschweigen, wie wir uns geben und verhalten, enthält eine Botschaft an unsere Umwelt, unsere Mitwelt und unsere Innenwelt. Der Blick, die bewusste oder unbewusste Geste, der Gesichtszug und die Körperhaltung gehören dazu. Sie bringen etwas zum Ausdruck. Leben heißt kommunizieren. In der Intention und in der Weise des Kommunizierens findet jede innere Haltung, jede Tugend und jedes Ethos seine reinste Gestalt. Für Führung ist Kommunikation deshalb existentiell, ja, wir können sagen, dass angemessen führen, angemessen kommunizieren heißt. Kommunikation ist an die ganze Person gebunden. Gelingt sie, wird sie zur Mit-Teilung. Geteilt werden die Botschaften, geteilt werden Mimik und Gestik sowie die ganze Befindlichkeit, inklusive unserer Leiblichkeit und ihrer wechselseitigen Wahrnehmung. Aus all diesen Elementen des Persönlichen und des Gemeinsamen entsteht in der Situation der eigentliche und umfassende Informationsgehalt. Zugleich stiftet Kommunikation Beziehung und hält sie am Leben. Kommunikation also hat einen Ausdrucks-, einen Inhalts- und einen Beziehungsaspekt. Deren Zusammenfallen im Akt der Begegnung macht sie hochkomplex und störanfällig. Denn jeder Mensch bringt sich immer umfassend mit ein in die Begegnung, mit seinen Wahrnehmungsspezifika, seinen Emotionen, Verwundungen, Erwartungen, Belastungen und Hochphasen. Kommunikation im Vorzeichen dieser Komplexität wird so zum Ringen um die gemeinsame Schnittmenge und ihre Vergrößerung. Sie wird zur Arbeit an dem Raum, der eine möglichst große gegenseitige Resonanz und damit auch Effizienz und Zielführung ermöglicht.

Martin Buber (1962, S. 120) hat in seinen Arbeiten über den Dialog herausgestellt, dass Begegnung sich umso tiefer und authentischer ereignet, je weniger Kommunikation als Belehrung stattfindet, in ihr also darauf verzichtet wird, auf den anderen einwirken zu wollen. Begegnung in diesem Sinne richtet sich auf die Potentialität des Du und damit auf seine Ermöglichung. Achtung und Respekt gegenüber dem Kommunikationspartner sowie in der Folge die Annahme und Wertschätzung seiner Persönlichkeit bilden das Fundament dazu.

Achtsamkeit und feinsinnige Bewusstheit nach innen und nach außen bilden die Schlüsselkoordinaten einer Schule kommunikativer Kompetenz. Nicht nur das, was wir als Wirklichkeit bezeichnen, ist immer mehrdimensional und mehrdeutig. Multiple Wertvorstellungen und Beurteilungsmaßstäbe begegnen uns in nahezu jeder kommunikativen Situation und Begegnung. Sollen Krisen vermieden oder gelöst werden, erfordert diese Komplexität eine in der Tiefe verstehende Zuwendung zur jeweiligen Situation in Raum und Zeit. Sie fordert zugleich, dass wir uns der Deutungsvielfalt von gesprochener Sprache bewusst sind. Die achtsame Haltung bezüglich unserer Wirklichkeitswahrnehmungen lebt gerade in Führungskontexten davon, Beobachtung und Bewertung zu trennen. Dies betrifft sowohl jede unmittelbare Wahrnehmung einer Situation als auch die Wahrnehmung von uns selbst in einer Haltung der Zeugenschaft.

Wahrnehmung erschafft alle Vorstellungen und Bilder von Wirklichkeit. Wir sehen und erkennen, was wir uns selber geschaffen und als Möglichkeiten des Erkennens herausgebildet haben. Die menschliche Wahrnehmung und die Koordinaten der Wahrnehmungsmöglichkeiten befinden sich in einem infiniten Prozess der Veränderung. Diese Veränderung kann durchaus regressiv, verhärtend und blockierend sein. Auf der Basis der Reflexion und Integration des

Wahrgenommenen allerdings sichert sie Offenheit, Lern- und Entwicklungsfähigkeit. Die kontinuierliche Schulung der Wahrnehmungsorgane, und zwar der äußeren sowohl als auch der inneren, geistigen, bildet den Humus für diese Entwicklung. Sie sichert auch die Entkettung aus einem oft versklavenden System von Bewusstseinsprogrammierungen, die auf unsere Erinnerungen und damit verbundene Gefühle zurückzuführen sind.

Achtsamkeit, Wahrnehmungstiefe und (Selbst-)Reflexivität erschaffen Kommunikation immer wieder neu, und zwar sowohl im Ausdruck als auch in dessen Deutung. Sie entwerfen und gestalten Kommunikation als einen eigenen Bewusstseinsraum. Sie gehen einem Sicheinlassen auf das Gegenüber, auf den Anderen, auf das Du voraus.

Die nun folgenden Leitwerte richten sich auf eine gelingende und das Gegenüber ermöglichende Kommunikation aus. In ihnen drücken sich die allem zugrundeliegenden Axiome der Gewaltfreiheit und der Empathie aus. Worte wollen nicht als Waffen missbraucht werden. Ein Dialog folgt nicht dem Ziel, ihn als Sieger zu beenden, sondern dem gegenseitigen Verstehen.

## Wahrhaftigkeit als das Ringen um Wahrheit

Ohne den Mut zur Wahrheit und ohne wahrhaftiges Denken, Sprechen und Verhalten zerbricht jede Form des Miteinanders, oder sie kommt erst gar nicht zustande. So selbstverständlich und so uralt diese Erkenntnis ist, muss sie doch immer wieder neu als Lebenspraxis eingeübt werden. Dieser Übungsweg ist nicht selten belastend – für alle beteiligten Seiten. Und er erfordert erhebliche Überwindung. Denn oft gehen wahrhaftiges Erkennen und Kommunizieren mit Abstrichen an dem Selbstbild, das wir von uns haben bzw. der Selbstwahrnehmung einher. Schmerzhaft erfahren wir dann den Bruch zwischen der Vorstellung, die wir von uns aufgebaut haben, und der Wirklichkeit, und unangenehm tritt uns gegenüber, dies vor anderen Menschen zu bekennen. Schmerzhaft ist es auch, das Gegenüber mit etwas zu konfrontieren, das ihm unangenehm ist bzw. wodurch es sich möglicherweise in Frage gestellt sieht.

Was aber meint Wahrheit? Und welche Wahrheit ist es dann jeweils?

Der Absolutheitsanspruch einer für alle Menschen gültigen Wahrheit kann wohl nie eingelöst werden. Eine in sozialen Kontexten stehende und kommunizierende Person existiert, beobachtet, erklärt und urteilt immer standortgebunden und in der eigenen Wahrnehmung verhaftet. Was möglich ist, drückt sich als Streben nach Wahrhaftigkeit aus und als der immerwährende Versuch des Ringens um eine teilbare Wahrheit als Verständigungsgrundlage. Der Wechsel der Perspektiven in meinen Wahrnehmungen von Situationen und von Personen ist dafür eine wertvolle Voraussetzung. Solches Streben braucht darüberhinaus das Wollen und die Kompetenz der Führungskraft, sich die notwendigen und angemessenen sprachlichen und auch nichtsprachlichen Ausdrucksmittel anzueignen und sie kontinuierlich zu verfeinern. Reinheit, Klarheit und Logik in Sprache und Ausdruck bilden als Elemente der Verständlichkeit das Fundament von Wahrhaftigkeit. Sie liegen der Eindeutigkeit verwendeter Worte, Begriffe und Ausdrucksweisen zu Grunde und beugen zugleich dem Problem vor, sich selbst zu widersprechen. Zur Kompetenz gehört in diesem Kontext aber auch, sich der Prägung der eigenen Sprache durch die biografischen und kulturellen Bezüge, in denen ich stehe, bewusstzuwerden. Die Reflexion dieser Bezüge schwächt die Versuchung, sich in Selbsttäuschungen, bequemen Falschheiten und tröstlichen Illusionen einzurichten. Sie weist den Weg zu der mir möglichen Authentizität und Aufrichtigkeit.[1]

---

1 Es wird oft übersehen, dass auch bei so genannten sachlichen oder sachbezogenen Auseinandersetzungen und Klärungsprozessen es als geradezu existentiell anzusehen ist, seine doch immer präsenten Gefühle, Erwartungen, Hoffnungen und Ängste zu kommunizieren, genau wie die Selbst- und Fremdbilder, die ich in mir trage. Erst die Teilhabe des Anderen an diesen meinen Innenwelten macht mein Wort für ihn aufrichtig und wahrhaftig. Ansonsten kunstvoll kaschierte Fundamentalismen entblößen sich so selbst.

## Gewaltlosigkeit statt Worte als Waffen

Wahrhaftigkeit ist trotz der Klarheitsschmerzen, die sie bereiten kann, der Schlüssel für jede nichtverletzende Kommunikation. Zur Kunst dieser Kommunikation gehört allerdings auch, keine neuen Wunden im Namen der Wahrhaftigkeit zu reißen. Zwischen dem Erkennen der Wahrheit, der Verhinderung ihrer Beugung und der Notwendigkeit, sie tatsächlich auszusprechen, liegen erhebliche Spielräume. Was muss jetzt gesagt werden, was hängt von der Situation ab, wo liegt im Schweigen – nicht dem Verschweigen – der heilsamere Weg? Notwendige Kritik schließlich kann immer durch die Beschreibung einer Situation, wie ich sie wahrgenommen habe, geäußert werden. Sie bedarf keiner zusätzlichen Urteile. Bei dieser Beschreibung eines Ereignisses oder eines Vorgangs ist die Betonung, dass es sich um eine persönliche, also subjektive Wahrnehmung handelt, grundlegend. Sie beugt nicht nur unzulässigen Verallgemeinerungen vor, sondern gesteht implizit auch zu, dass meine Wahrnehmung fehlerhaft oder unvollständig sein kann. Sie lädt damit zur Formulierung der Sichtweise des Gegenübers ein und eröffnet so einen Dialog, statt ein Tribunal zu veranstalten.

Gewaltlosigkeit in der Kommunikation beginnt im Geist, in den Gedanken, die sich in uns bewegen, in der Intention, aus der die Worte und Gesten geboren werden. Deswegen können wir statt von Gewaltlosigkeit auch angemessener vom Geist des Nichtverletzens sprechen, dem „Spirit of Nonviolence“, wie Mahatma Gandhi es formulierte.

## Empathie

Empathie hebt in das Bewusstsein, was Menschen verbindet, und sie aktiviert diese Verbindung. Sie bewegt sich zwischen Nähe und Distanz, Fremd- und Selbstwahrnehmung, Ich- und Wir-Verständnis. Umschreiben lässt sich diese behutsame Bewegung als Zeugenschaft. Das macht Empathie unterscheidbar vom Mitleid. Die fremde Empfindung, die eine Führungskraft einfühlsam wahrnimmt, darf nicht zu ihrer eigenen werden, wenn sie eine Situation verstehen und in der Folge angemessen darauf reagieren will. Werden fremde zu eigenen Gefühlen, löst sich die für die Zeugenschaft unverzichtbare Beobachterperspektive auf. Die Koordinaten verschieben sich hin zu Sympathie oder Antipathie. Die Kunst der Empathie in Führungskontexten besteht jedoch darin, zunächst zu verstehen, ohne das Verstandene sogleich zu rechtfertigen, zu entschuldigen oder es zu verurteilen.

Empathie lebt von der intrinsischen Bereitschaft, das zunächst möglicherweise Fremde, Ungewohnte und auch

Unverständliche trotzdem verstehen zu wollen. Bevor ich allerdings in der Lage bin, die Erlebnisse, Gefühle und das Selbstbild des anderen zu verstehen, muss ich mich selbst erkannt und verstanden haben. Nur so beuge ich Überlagerungen, Projektionen und blinden Flecken so weit wie möglich vor und lerne die Gründe zu verstehen, wenn eigene Emotionen das Fremdverstehen blockieren. Die Reflexion der eigenen Wahrnehmungskoordinaten gehört zu diesem Vorgang des Selbstverstehens und damit des Fremdverstehens. Denn es sind die Schleusen der Wahrnehmungen, die wesentlich kontrollieren, inwieweit Empfindungen des anderen uns erreichen.

## Hören macht präsent, lässt zu, ermöglicht

In einer Zeit, die sich in Texten, Tönen und Bildern verliert, ist das Hören zu einem nahezu vergessenen Kulturgut geworden. Es geht beim wahren Hören, oder besser *Zuhören*, nicht bloß um Nichtsprechen als einem äußeren Stillsein. Vielmehr beruht gesammeltes Hören auch auf innerlichem Schweigen. Das meint etwa in Teammeetings oder Mitarbeitergesprächen, nicht bereits gedanklich mitzusprechen und mitzuargumentieren, noch während andere ihre Worte formulieren; denn letztlich zeigt sich darin doch nichts weiter als Respektlosigkeit dem Du gegenüber.

Wahres inneres Schweigen sagt Ja zum anderen. Es gibt der Rede Sinn und führt das Wort oder den Ausdruck des Gegenübers zu dem Gewicht, welches ihm zusteht. Nun entfaltet sich schöpferische Energie. Sie ermöglicht denjenigen, dem zugehört wird, und sie ermöglicht zugleich den Hörenden selbst. In der Tiefe des Hörens entsteht der Raum, der ins Werden bringt, was ansonsten blockiert bliebe. In ihm entbieten wir dem Du unsere Wertschätzung, nehmen es an und schaffen jenseits aller Rollen, Hierarchien und Befindlichkeiten eine Verbundenheit in der Situation.

Tiefes Hören entschleunigt Kommunikation und erleichtert damit Präsenz und Reflexion. Stille hilft dabei. Bewusst gewählte Stille zwischen den Worten unterbricht den Fluss von Rede und Gegenrede. Sie bereitet immer wieder darauf vor, erneut in Tiefe zu hören. Aus der Stille erst erwächst das autoritative Wort.

## Offenheit statt Herrschaftsanspruch

Offenheit meint den *vorübergehenden* Verzicht auf die Vormachtstellung der Führungskraft und daraus abgeleiteter Meinungen und Urteile. Dieser Anspruch ist hoch, und er hängt daran, inwieweit es gelingt, sich die eigenen Gefühle und Bewertungen bewusstzumachen und sie gleichsam in einem Spiegel anzuschauen.

Die Suspension von Macht- und Dominanzbeziehungen fordert immer dann Außerordentliches, wenn Macht- und Herrschaftsbewusstsein auf der einen Seite sich mit Verwundungen und Ohnmachtsempfindungen auf der anderen Seite verbinden. Es gehört zu der situationsbezogenen Auflösung von Machtverhältnissen, Kontrollansprüche in der Begegnung beiseitezulegen, denn Kontrolle maskiert die eigene Unsicherheit und mündet im Zwang zu Verhaltensmaßregeln. Gelingt es, diese Offenheit auf der Beziehungsebene zwischen Führung und Mitarbeiterschaft herzustellen, dann entsteht der Spielraum auch für inhaltliche Offenheit und für Artikulationsfreiheit.

Keine wahre Offenheit kommunikativer Prozesse ist vorstellbar ohne Chancengleichheit im Gesprächszugang. Oft werden Konfliktbearbeitung und Konfliktlösung bereits dadurch blockiert, dass einzelne Personen oder Gruppen erst gar nicht zu den Verständigungs- und Klärungsprozessen zugelassen werden. Es liegt somit auf dem Weg einer achtsamen, nichtverletzenden und zugleich zielführenden Kommunikation, bereits im Vorfeld an der Konstruktion des Rahmens und der Erschließung eines Raumes mitzuwirken, in den der andere mit dem Bewusstsein eintreten kann, respektiert, willkommen und angenommen zu sein.

## Widerspruchstoleranz statt vorschneller Eindeutigkeiten

Wirklichkeit stellt sich mehr oder weniger durchgehend als unsicher, uneindeutig und kontingent dar. Täglich machen wir die Erfahrung, dass es so gut wie keine Aussage und keinen Satz gibt, die nicht ihr Gegenteil schon in sich tragen. In der Wahrhaftigkeit nach Wahrheit zu streben, kann deshalb an dieser Stelle nichts anderes meinen, als zu lernen, Widersprüche als Teil und aufgehoben in einer Wirklichkeit zu sehen, die größer ist als die der eigenen Weltbildkonstruktion. Eiliges Streben nach Eindeutigkeit führt demgegenüber zu Vereinfachungen, Blindheiten und schablonenhaftem Denken. Ambiguitätstoleranz hält aus. Sie erträgt den Widerspruch. Der Kommunizierende respektiert, dass es hinsichtlich derselben Frage Antinomien, also unvereinbare und doch jeweils in sich stimmige Wahrheiten geben kann. Was für die Glaubenssysteme von Religionen oder die Programme von Parteien bzw. weltanschaulicher Gruppierungen weitgehend selbstverständlich und anerkannt scheint, stellt sich auf der Ebene von Unternehmen und Organisationen, zwischen Führungskräften und Mitarbeitern oft schwierig, ja nicht selten dramatisch dar. Doch gerade dann gilt es zu konstatieren, dass in der Widerspruchstoleranz mehr liegt als ein lediglich passives Tolerieren. Nicht voreilig Gewissheiten zu konstatieren, darf selbstredend der aktiven Auseinandersetzung mit Unterschieden und Differenzen nicht entgegenstehen. Im Gegenteil. Entscheidend ist die Weise des Ringens und des Klärens, die Bereitschaft aller Beteiligten, ihre Standpunkte zu riskieren. Wir sprechen hier von einer Selbstsicherheit, die sich im Loslassen findet und bestätigt. Sie ist die Basis von dem, was Organisationen zu lernenden Systemen macht, ist die Grundlage von allem, was sich Change Management nennt.

## Vergebung befreit und führt zu neuen Lösungen

Leben geht nicht, ohne zu verletzen. Entscheidend ist, es nicht willentlich, nicht intentional zu tun. Umso wichtiger ist es dann, mit den verursachten Wunden angemessen umzugehen, bevor sie zu tiefen Kränkungen führen und sich auch systemisch auswirken. Vergebung, und zwar wechselseitig, ist dazu der Schlüssel. Sie lehrt, das Vergeben anderer nicht nur zu akzeptieren, sondern sie auch selbst als Wachstumshilfe anzunehmen. Wo nicht vergeben wird, herrschen Angst, Unsicherheit und Zweifel. Denn überall lauert scheinbar die Gefahr. Statt Fehlern, die zu korrigieren sind, sieht der zur Vergebung nicht bereite oder unfähige Mensch schwere Verfehlungen, deren Schwere gleichwohl oft nur darin besteht, dass das kleine

Ego sich verletzt fühlt. Es wäre allerdings ein Fehlschluss, würde man Vergebung als einen Ausweg aus notwendigen Klärungen ansehen. Von der Verantwortung für Gesagtes und Getanes kann auch Vergebung nicht befreien. Der Diskurs, das Erkennen und das Ansprechen in nichtverletzender Haltung werden nicht überflüssig. Und so folgt die Vergebung im Anschluss an den Dreischritt von Erkennen, Verstehen und Zur-Sprache-Bringen. In organisationsbezogenem Kontext rechnen wir die Vergebung zur Fehlerfreundlichkeit. Das schließt für die Führungskraft mit ein, sich auch selber gegenüber nachsichtig zu sein, wenn sie für Fehler verantwortlich zeichnet. In dem Prozess des Vergebens ereignen sich großartige Lernschritte, in denen wir gelegentlich mehr von unseren sogenannten Feinden lernen als von vertrauten Menschen, mit denen wir in gleicher Resonanz schwingen. Denn Vergebung überwindet Mauern und öffnet ansonsten verschlossene Bewusstseinsräume.

Vergebung lehrt, dass Geben und Empfangen eins sind. Verzeihen zu schenken, ermöglicht die eigene Erlösung. Und Vergebung läutert. Ich stelle mich meinen Feindbildern, meinen Projektionen und Emotionen, beruhige das Aufgewühlte, bis die innere Wahrnehmung wieder klar ist. So steigt der Impuls empor, neu auf den Menschen, von dem die Verletzung bzw. die Verfehlung trennte, zuzugehen. Den ersten Schritt zu gehen, sollte nie durch die

Frage aufgehalten werden, ob ich mich im Recht oder im Unrecht sehe. Führung hat auch hier Vorbildcharakter und die Gesamtverantwortung dafür, dass Organisationsprozesse in Bewegung bleiben und Möglichkeiten offenhalten.

## Vertrauen ist oft hilfreicher als Kontrolle

Nur wo gegenseitiges Vertrauen herrscht, haben Versöhnungsgesten die Chance, wahrgenommen und angenommen zu werden. Denn erst durch Vertrauen entsteht der Raum für gegenseitige Erfahrungen, die wiederum neues Vertrauen schaffen können. Wenn Führung, etwa aufgrund schlechter Erfahrungen, das Vertrauen in Mitarbeiter verliert, bestimmen Unsicherheit und Zweifel weiterhin das innere Empfinden und das äußerliche Handeln. Überall lauern dann mögliche Konflikte und möglicher Verrat. Im Vertrauen lässt die Führungskraft einen Teil von sich los und verzichtet auf den Drang, stärker zu kontrollieren als erforderlich. So kann eine neue Sicherheit entstehen, vorausgesetzt, das Gegenüber erweist sich als des Vertrauens würdig!

Vertrauen hat viel mit Offenheit zu tun. Im gezeigten Vertrauen bekennt sich die Führungskraft zu den Möglichkeiten, die im anderen Menschen ruhen. Sie gesteht ihm die Fähigkeiten zu, ein Versprechen zu erfüllen oder einem

Anspruch gerecht zu werden. Hinsichtlich der Verlässlichkeit geht sie davon aus, dass Worte und Handlungen übereinstimmen, aufrichtig sind. Vertrauen als organisationsbezogenes Prozesselement sollte genauso kommuniziert werden wie das als Vertrauensbruch Wahrgenommene. So lassen sich am ehesten Enttäuschungen vermeiden bzw. in Grenzen halten.

## Gelassenheit – auch den eigenen Ansprüchen gegenüber

Diese Kriterien einer empathischen und gewaltfreien Kommunikation unterliegen im Führungsalltag selbstredend mannigfachen Anfechtungen und Unvereinbarkeiten. Es ist deshalb wichtig, sie als Grundorientierungen zu sehen, an denen ich mich immer wieder aus- und aufrichte, wohl wissend, dass es auch hier keine Perfektion gibt. Nachsicht den eigenen Ansprüchen gegenüber und eine gewisse augenzwinkernde Gelassenheit sind deshalb wohl unverzichtbar, um Verhärtungen vorzubeugen. Diese Gelassenheit hat einen starken Bündnispartner, die *Metakommunikation*. In ihr kommunizieren wir über die Kommunikation selbst. Oft ist es in konfliktbeladenen und verfahren scheinenden Situationen unerlässlich, wenigstens noch die Ohnmachtsempfindung des Moments, die

Gefühle, die verstummen lassen, und die Ratlosigkeit, die eingesetzt hat, anzusprechen. So verhindern wir sowohl in Einzelgesprächen wie auch in Teambesprechungen ein Auseinandergehen in Trennung. Die Möglichkeiten für die notwendige Anschlusskommunikation, also im Gespräch miteinander zu bleiben, werden offengehalten. In der Metakommunikation sollten auch Probleme im Umgang miteinander angesprochen werden. Zwei exemplarische Fragen:

*„Wollen wir in dieser Weise weiter miteinander reden?"*

*„Mich irritiert die momentane Situation. Wie haben Sie den Umgang miteinander in der letzten Stunde erlebt, und wie geht es Ihnen damit?"*

Gewaltfreie und empathische Führungskommunikation mag im ersten Eindruck schwach und nachgiebig, keinesfalls aber zielführend oder sogar effizienzorientiert erscheinen. Doch sie ist beides in außerordentlichem Maße, indem sie sich am Menschen, seinen Stärken und Schwächen, vor allem seiner Potentialität orientiert. Sie benötigt Zeit und Zuwendung, aber diese zahlen sich mehrfach dadurch wieder aus, dass Missverständnisse minimiert und Verletzungen gering gehalten werden. Vor allem aber entsteht ein Klima der Wertschätzung und auch der Beheimatung, ohne das intrinsische Motivation nicht gedeihen kann. In der Kommunikation liegt der Schlüssel des unternehmerischen und organisationsbezogenen Erfolgs!

# 4.
# DIE ORIENTIERENDE UND IDENTITÄTSSTIFTENDE KRAFT DER VISION

Leider ist Führung selten visionär, sondern eher angepasst und funktional eingebunden. Manchmal wird sie gar vollständig von den Normen und Erwartungen des Systems beherrscht. Führung aber benötigt Visionen, die mehr sind als Trend-Berechnungen auf der Basis zurückliegender Erfahrungen, die Sinn stiften, Identität bilden und stärken und entsprechend orientierend wirken. Zwar wird in Führungskontexten, auf Wirtschaftskongressen und in Ratgeberliteratur allenthalben über „Vision" geredet, doch scheint der Begriff in den letzten Jahrzehnten im wirtschaftlichen Bereich mehr und mehr sinnentleert worden zu sein. Geblieben ist eine Leerformel, ein Plastikwort. Diese Entwicklung weist Parallelen zur herrschenden Politik auf, in der man sich nach dem Scheitern der großen gesellschaftspolitischen Konzepte des 20. Jahrhunderts zunehmend in einen Pragmatismus geflüchtet hat, der über das Denken und Planen in Wahlperioden nur noch selten hinauskommt. Die Resultate sind eine unübersehbare Mahnung geworden:

- Entseelung ökonomischer, administrativer und politischer Prozesse;
- Orientierungslosigkeit, die sich als resistent gegenüber dem Erkennen und Verstehenwollen offensichtlicher Krisenphänomene erwiesen hat;
- eine Herrschaft kurzfristigen Denkens und Handelns;
- die virale Verbreitung taktischer Intelligenz;
- die globale Diktatur auf Beschleunigung und Effizienzsteigerung hin angelegter Prinzipien;
- Spezialisierung, Parzellierung und Fragmentierung auf Kosten eines Zusammenhangs- und Überblickswissens.

Das Synonym dafür ließe sich mit *Geistlosigkeit* recht angemessen umschreiben. Die aktuellen Wirtschaftskrisen und das globale ökologische Desaster liegen auf dieser Strecke. Es handelt sich bei ihnen nur am Rande um ökonomische und politische Krisen im engeren Sinne. Vielmehr sind sie Ausdruck einer evolutionären Krise und einer Krise des menschlichen Bewusstseins, einer Visionskrise.

Darauf bezogen steht uns, wie anfangs bereits angesprochen, nicht mehr und nicht weniger als der Sprung über unseren egozentrischen und individualistischen Schatten bevor. *Individualismus* beziehe ich dabei nicht nur auf die menschliche Person, sondern auch auf das Verhalten und die Orientierung von Kollektiven, von Organisationen und Unternehmen bis hin zu Staaten und Kulturen.

Für diesen Quantensprung spielen neben Politik und Bildung die Wirtschaft und eine entsprechende ökonomische Vernunft mit dem entsprechenden Führungshandeln eine herausragende Rolle. Stärker noch als der institutionalisierte politische Raum wirkt Ökonomie global und lokal als der maßgebliche Prozesstreiber auf den meisten Ebenen von Gesellschaft, Staat und Kultur.

Die große Vision einer nachhaltigen Entwicklung ist im Letzten die Vision von einer adäquaten Umsetzung im Bereich des wirtschaftlichen Handelns. Es ist die Kunst der Vereinbarung höchster ethischer Ansprüche mit denen ökonomischer Rationalität. In ihrer „Global Compact Initiative"[2] formulieren das die Vereinten Nationen als den

---

2 „Der Global Compact der Vereinten Nationen ist eine strategische Initiative für Unternehmen, die sich verpflichten, ihre Geschäftstätigkeiten und Strategien an zehn universell anerkannten Prinzipien aus den Bereichen Menschenrechte, Arbeitsnormen, Umweltschutz und Korruptionsbekämpfung auszurichten. Damit kann die Wirtschaft als wichtige treibende Kraft der Globalisierung dazu beitragen, dass die Entwicklung von Märkten und Handelsbeziehungen, von Technologien und Finanzwesen allen Wirtschaftsräumen und Gesellschaften zugutekommt... Von Führungskräften getragen, bietet der Global Compact seinen Teilnehmern einen praxisorientierten Rahmen zur Entwicklung, Umsetzung und Offenlegung von Nachhaltigkeitsstrategien und -praktiken sowie ein breites Spektrum an Arbeitsfeldern und Management-Werkzeugen und -Ressourcen, die alle einem Zweck dienen: der Förderung nachhaltiger Geschäftsmodelle und Märkte." (http://www.unglobalcompact.org)

Appell, die Macht der Märkte auf dem Anspruch universeller Werte zu fundieren. Das ist ganz im Sinne des langfristigen politischen und ökonomischen Erfolgs sowie des Unternehmenserfolges selbst. Dieser hängt an einer gewachsenen Unternehmensethik, der darin ruhenden Verwurzelung und damit der Verbindlichkeit entsprechender Werte. Stattdessen neigen viele Unternehmen und Institutionen dazu, sich mehr an punktuellen als an langfristigen Strategien auszurichten. Kurzfristiger Gewinn und eine entsprechende Befriedigung der Interessen von Anteilseignern rangiert vor einem nachhaltigen Erfolg.

Der Vision entspringen die Lebenskraft und die Revitalisierungsimpulse des Unternehmens und der Organisation. Unter ihrem Dach führt sie Menschen zusammen. Verliert die Vision ihre Kraft, dann schwächt das auch die Organisation. Mit dem Verlust der Vision beginnt die Selbstgefährdung. Fundamental für den Visionsprozess ist, dass die Mitarbeiter der Organisation/des Unternehmens die systemische Vision mit ihrer persönlichen verbinden können. Dann werden Visionen Leuchtturm und Kompass sein. Sie verfügen über eine impulsgebende Kraft, zeigen Chancen, öffnen Handlungsräume. Langfristig werden sie einen Vorsprung ermöglichen, der sich vom Ideellen hin auf das Materielle ausweitet.

Die Kopplung einer systemischen, unternehmerischen

und organisationsbezogenen Vision mit den Einstellungen und Leitbildern der Mitarbeiter bedarf der visionären Führung. Vielleicht kann man sogar sagen, dass weitsichtige Führung ohne Vision nicht möglich ist. Sie verbliebe im Pragmatischen und damit der kurzfristigen Orientierung, rein rational und überwiegend reaktiv bestimmt, sich auf eindimensionale Trendextrapolationen beschränkend. Nur starke und überzeugende Visionen schaffen eine umfassende Identität des Unternehmens, auch als Teil von Kultur und Gesellschaft. Dazu allerdings ist es unabdingbar, dass Visionen sich den verändernden kulturellen und gesellschaftlichen Rahmenbedingungen anpassen bzw. sich mit ihnen weiterentwickeln. Visionen sind dann umso stärker, je mehr sie aus Prozessen hervorgehen, in denen das Team bzw. die Mitarbeiterschaft aktiv eingebunden sind.

Visionär geerdete Führung speist sich aus einer ganzheitlich integralen Orientierung, der zentrale und zeitlose Werte zugrunde liegen. Sie lebt vor, dass es Sinn macht und möglich ist, etwas Größerem zu dienen als dem eigenen Ego und den eigenen narzisstischen Interessen. Sie vermag durch die Größe des visionären Entwurfs Mitarbeiter anders zu motivieren als nur über materielle Anreize bzw. äußerlich bestimmte Arbeitsfreude. Sie muss nicht ständig auf Anreizsteigerungen zurückgreifen, sondern bewirkt durch die intrinsische Kraft der Zielorientierung ein weitreichendes Selbstmanagement und Engagement im Sinne der Zielverwirklichung.

Visionär geführte Organisationen leben länger und sind erfolgreicher. Vor allem ziehen sie die besseren Mitarbeiter an.

Sie bringen das Herz zurück in Wirtschaft, Administration und Politik.

# 5.
# INTEGRALE VERNUNFT

Führung, die sich den Herausforderungen der Gegenwart in dem hier formulierten Anspruch stellen und sie meistern will, bedarf einer integralen Weltsicht. Der sogenannte rationale Geist alleine kann dabei nicht hinreichend sein. Die Komplexität von Welt und ihrer unterschiedlichsten Systeme in Wirtschaft, Politik und Kultur fordert eine vergleichbare Komplexität in der Weise, wie wir uns ihr zuwenden. Vielfalt und Kontingenz des Seins und der gesellschaftlichen Gegebenheiten können nur verstanden werden in größtmöglicher Offenheit und Vielfalt unserer Wahrnehmungs- und Erkenntnisweisen. Wir sehen immer nur das, womit wir in Resonanz stehen. Das meinte Johann Wolfgang von Goethe (1749-1832), als er schrieb: „...wär nicht das Auge sonnenhaft, die Sonne könnt es nie erblicken...“[3] Diese Resonanz gilt es auf den unterschiedlichsten Ebenen herzustellen, wollen wir hinter die Kulissen und unter die Oberfläche schauen, Ursprünge von Prozessen erkennen und daraus Prognosen und Handlungsoptionen ableiten. Fünf Zugänge

---

3 Zahme Xenien III (Originalausgabe Stuttgart und Tübingen 1827)

stehen uns dafür zur Verfügung, fünf unterschiedliche Erkenntnisweisen, die fünf Säulen einer integralen Vernunft.

## Rationale Analyse

Sie dominiert die gegenwärtige Welt und Kultur. Ihr verdanken wir, wo wir stehen, im Guten wie im Desaströsen. Zu ihr soll an dieser Stelle deshalb nur noch wenig gesagt werden, es sei jedoch die Anmerkung erlaubt, dass das, was sich als Rationalität in Wirtschaft und Politik ausgibt, nicht selten zutiefst arationale bzw. irrationale Züge trägt. Gleichwohl gilt es zu würdigen, dass auch der dominante Geist in dieser Säule in stetem, wenn auch oft noch recht zögerlichem Wandel steht. Schließlich darf nicht übersehen werden, dass es herausragende Vertreter dieses Erkenntniszugangs waren und sind, die insbesondere in Mathematik, Physik und Biologie begonnen haben, alte Weltbilder in Frage zu stellen. Die so genannte Rationalität will in ihren Möglichkeiten erst noch entdeckt werden. Dazu bedarf sie der Verschmelzung mit den anderen Säulen.

## Sinnliche Erfahrung und das Auge des Gefühls

Der Bezug auf die sinnliche Erfahrung erdet den Geist und bindet ihn ans Leben. Wer sich nicht bewusst ist, welche Gefühle in ihm leben, wie sie zustande gekommen sind und seine Person prägen, droht fortwährend Täuschungen zu erliegen. Er missachtet, was seine Wahrnehmungen und seine Gewissheiten steuert, und er wird dann all das an seinem Verhalten als rational bezeichnen und rechtfertigen, was doch lediglich Ausfluss von Gefühlen ist. Oft werden Führungshandeln und Führungskommunikation genau in dieser Weise wahrgenommen. Wir leben immer in und mit Gefühlen, zu jeder Zeit und in jeglicher Situation. Uns dessen bewusst zu sein und die damit verbundenen Einwirkungen auf unsere Wahrnehmung zu verstehen, ist die Grundvoraussetzung für angemessene Klärungs- und Entscheidungsprozesse. Hinsichtlich unserer Gefühle ist es zudem von herausragender Bedeutung, sie nicht nur als innere Wahrnehmungen zu sehen und anzunehmen, sondern als eine Erkenntnisweise. Sie lassen mich Seiten der Wirklichkeit sehen, die vor dem Auge der rationalen Vernunft verborgen bleiben. Die Erkenntniskraft der Gefühle liegt in ihrem dynamischen Wesen und einer sich kontinuierlich verändernden Energie, die den Gesetzen der Resonanz folgt. Gefühle beeinflussen die Person und ihre Umwelt, und sie werden von dieser beeinflusst. Sie reichen somit über die Person, in der sie momenthaft leben, immer hinaus. Das kann als Hinweis auf die Verantwortung gesehen werden, die Führungskräfte für den Umgang mit ihren Gefühlen tragen. Neuere Forschungen zu der Bedeutung von Spiegelneuronen zeigen, dass das, was wir beim anderen wahrnehmen, in uns ein Programm aktiviert, ähnlich zu empfinden. Je näher uns dieser Mensch steht bzw. je intensiver der Kontakt ist, umso intensiver zeigt sich auch die Empfindung und damit die auf den anderen bezogene Spiegelung des Verhaltens. (Vgl. Bauer 2006, S. 23 ff.)

Aus Gefühlen und mit ihnen eröffnet sich ein Blick auf die Welt, der ständig neue Facetten offenbart. Auch wenn ich sie überspiele und im rationalen, kühlen Denken aus dem Wachbewusstsein dränge, so bleiben sie doch existent und als Wirkkraft in den Tiefenschichten der Persönlichkeit gegenwärtig.

Es sind die Gefühle, die den Menschen ins Herz des Lebens führen und ihn Leben spüren lassen. Freude, Leid, Trauer, Begeisterung, Melancholie, Liebe, Hass, Zuneigung, Abneigung, Wut, Erhabenheit, Furcht, Wohlbefinden, Ekel, Scham, Reue – jedes dieser Gefühle verändert die Wahrnehmung und wirkt wie ein Filter für äußere und innere Vorgänge. Jedes dieser Gefühle beeinflusst meine leiblich-seelisch-geistige Verfassung und meine Beziehung zur

Mitwelt. Die Folgen reichen bis tief in unsere Handlungen hinein. Was etwa treibt mich dazu, etwas zu tun? Waren es rein äußere, sachbedingte Impulse, war es eine überzeugende Idee mit den in ihr ruhenden Möglichkeiten, war es ein positives oder negatives Gefühl, verbunden mit einer Druck- oder Stresssituation, waren es auf mich abstrahlende Gefühle eines anderen oder eine spezifische Mischung aus allem?

Es ist deshalb die Aufgabe für einen Menschen, der andere führt und damit eine hohe Verantwortung trägt, sich Fähigkeiten anzueignen, die in eine angemessene Wahrnehmung eigener und fremder Gefühle sowie deren Verursachung führen. Das heißt, sich den Gefühlen zu stellen und in sie einzutauchen, ohne sich von ihnen vereinnahmen zu lassen. Möglich wird das durch die Haltung der Zeugenschaft, also einer gegenwärtigen, unverstellten, unverfangenen, ja überparteilichen Aufmerksamkeit und Achtsamkeit. Sie identifiziert nicht nur Gefühle, sie hilft dabei, der Regung zu widerstehen, sie unmittelbar auszudrücken. So können Urteile auf dem Erkenntnisweg behutsam entstehen. Beobachtung und behutsame Kontrolle der Gedanken, ein vorurteilsfreier Blick auf das Gegenüber, auf die Situation und auf das Selbst helfen dabei genauso wie eine Differenzierung und fortwährende Schulung der Sinne.

## Intuition

Als wohl unmittelbarste und stärkste Erkenntniskraft des Menschen kann die Intuition gesehen werden. Sie ist es, die in nahezu allen Bereichen des Lebens einem verstockten Denken und einem sich selbst im Wege stehenden Geist unter die Arme greift bzw. auf die Sprünge hilft. Was verstehen wir unter dieser oft als reines Bauchgefühl diskriminierten Energie, und was macht ihre herausragende Bedeutung für Führung aus?

Jeder Mensch kennt Intuition und die intuitive Regung als gefühltes Wissen, als den *Geistesblitz*, das *Aha-Erlebnis*, das diffuse *Bauchgefühl.* Zugleich wird er daran scheitern, zu erklären, was das denn sei, diese Regung, und woher sie komme. Was sich in der Intuition ausdrückt, kann überaus unterschiedlich in der Bedeutung für die Situation und das Leben an sich sein: von einer Eingebung, die dazu mahnt, die Regenjacke trotz Sonnenscheins einzupacken, bis zu dem so lange ersehnten und erkämpften Durchbruch einer Erkenntnis – und zwar unabhängig davon, was uns die Ratio dazu sagen will. Der intuitiv gesteuerte Akt basiert auf Vertrauen, das keiner weiteren Begründung bedarf.

Es zeichnet Experten und Topmanager aus, dass sie in der Lage sind, treffsichere Einsichten zu erlangen und Entscheidungen zu fällen, obwohl die Menge an Informationen, die ihnen zur Verfügung stehen, oft äußerst gering sind. Vergleichbares gilt für schnelle diagnostische Urteile von erfahrenen Medizinern. (Vgl. Gigerenzer und Gaissmaier 2012, S. 18 ff.) Erfahrung auf den unterschiedlichsten Ebenen und den verschiedenen Lebenslinien, die wir beschreiten, spielt dabei immer die entscheidende Rolle. Übrigens geben in Studien Führungskräfte aus unterschiedlichsten Bereichen auch zu, einen Großteil ihrer Entscheidungen intuitiv zu fällen, schieben dann aber für die Begründung eben dieser Entscheidungen passend ausgesuchte rationale Argumente vor. (Vgl. ebenda)

Selbst wenn also, sobald sich das genauere Hinsehen einstellt, abgesicherte Informationen und ein einschlägiges Wissen zu fehlen scheinen, ermöglicht die Intuition bei allen Fehlern und Irrtümern, vor denen sie nicht gefeit ist, doch Schlüsse, die hinsichtlich einer auf Klärung wartenden Situation sinnvoll erscheinen. Sicherlich besteht eine enorme Antwortbreite hinsichtlich der Frage, was unter einer auf Klärung wartenden Situation zu verstehen ist. Das reicht von der intuitiven Erfassung der Fahrzeugbewegungen anderer Verkehrsteilnehmer, die permanente Unfälle verhindert,[4]

---

4 Auch hier stoßen wir wieder auf die bereits angesprochene Bedeutung der Spiegelneurone, die manche Situationen intuitiv vorhersehbar machen. Gerne wird diesbezüglich vom siebten Sinn gesprochen. Vgl. Bauer 2006, S. 28 ff.

bis zu dem klar vor mir stehenden Ausweg aus einer verfahrenen Lebenssituation. Die Entscheidungsfindung in einem komplexen Verhandlungsvorgang und der Durchbruch in einem künstlerischen oder schriftstellerischen Prozess gehören genauso dazu wie das Erscheinen einer neuen Idee, der mit Leidenschaft nachgegangen werden will, auch wenn sie abseits von allen bisherigen Erfahrungen liegt und deshalb vielleicht zunächst nur Unverständnis hervorruft.

Neben unbewussten Spuren integriert die Intuition zielgerichtet geistige und sinnliche Prozesse und verdichtet diese sprunghaft, zumindest aber schnell zu einer Eingebung, die Klarheit und eine umfassende Orientierung gibt und zur Handlung drängt. Intuition wächst in der Befreiung von allem mechanisierten und routinisierten Geschehen, aber auch in der zeitlichen Spannung zwischen Wollen und Müssen zur Verwirklichung. Dabei setzt sie spezifische Energien und emotionale Zustände frei. Der Stress fällt ab, in einer ausweglosen Situation zu sein. Frauen haben hier zunächst einen entscheidenden Vorteil: Beide Hirnhälften werden besser synchronisiert, Logik, rationale Analyse und Sprache auf der einen (der linken) Seite fließen leichter mit den bildhaften Vorstellungen, Phantasie und Emotionen auf der anderen (der rechten) Seite zusammen.

In der Intuition wird ein neues Bild der Wirklichkeit geboren. An dieser Stelle verbindet sie mit der Vision sowohl die Wahrnehmung der Defizite im Leben als auch von dem, was man darüber hinausgehend erhofft. Sie zeigt, was für ein gelingendes Leben fehlt. Unmittelbar steht dieser Lebenstraum vor dem inneren Auge, als wäre eine Tür aufgestoßen, die den Blick freigibt in einen zwar schon immer vorhandenen, aber erst jetzt entdeckten Raum. Alte Erfahrungen sowie Denk- und Verhaltensmuster fügen sich mit bislang unbekannten Impressionen zu einem neuen Ganzen zusammen. Neben diesem auf Erkenntnis bezogenen Wert der Intuition sollte der außerordentliche Beitrag beachtet werden, den sie dadurch leistet, dass sie den Kreislauf der Selbstbezüglichkeit sowie der konditionierten Wahrnehmungen und Reflexe durchbricht. So können wir die Intuition auch als ein Synonym für Freiheit und eine positive, sich dem Ganzen zuneigende Individualität sehen.

Das rein kategoriale Erfassen und Durchdenken wird im intuitiven Akt genauso überwunden wie die Begrenzungen von Raum und Zeit. Dafür allerdings müssen die Schleusen der Wahrnehmung gereinigt sein und die Wahrnehmungssinne sich nicht nur unablässig in ihrer Verfeinerung und Durchlässigkeit üben, sondern auch in der Bereitschaft und Fähigkeit zu einem dynamischen Wechsel der Perspektiven. Es steht die Einsicht hinter dieser Forderung, dass neben den Instrumenten der rationalen Analyse, die zur Erkundung und Messung der Wirklichkeit entwickelt worden sind, endlich die Dinge auch selber wieder eine Chance erhalten sollen, auf ihre eigene Weise zu sagen, was sie sind.

Für den französischen Philosophen und Schriftsteller Henri Bergson (1859-1941), dem bahnbrechende Texte zum Verständnis der Intuition zu verdanken sind, ruht die Wirklichkeit auf geistigem Grunde und kann deshalb auch nur entsprechend erfasst werden. In seinem Werk über Denken und schöpferisches Werden schreibt er:

„Die Intuition... erfasst... ein Wachstum von innen her, die ununterbrochene Verlängerung der Vergangenheit in eine Gegenwart hinein, die ihrerseits in die Zukunft eingreift. Es ist die direkte Schau des Geistes durch den Geist. Nichts schiebt sich mehr dazwischen, keine Brechung der Strahlen durch das Prisma, dessen eine Fläche der Raum und dessen andere die Sprache ist... Intuition bedeutet also zunächst Bewusstsein, aber ein unmittelbares Bewusstsein, eine direkte Schau, die sich kaum von dem gesehenen Gegenstand unterscheidet, eine Erkenntnis, die Berührung und sogar Koinzidenz ist. Es ist zudem ein erweitertes Bewusstsein, das gleichsam die Schranken des Unterbewussten vorübergehend durchbricht.“ (1948, S. 44)

Schau des Geistes durch den Geist, die vor dem Unbewussten nicht haltmacht... in der Intuition, und das meint Schau, begegnen wir keinem analytischen oder diskursiven Denken, es wird auch nicht bloß ein Gefühl emporgespült.[5] Vielmehr entsteht in einem hochkomplexen Akt der Koordination aus einzelnen bewussten und unbewussten Erkenntniselementen ein neues Ganzes, eine neue Wissensgestalt. Sie bricht aus dem geistigen Raum als Einsicht an der Schnittstelle unterschiedlichster Erfahrungs-, Wissens- und Erkenntnisquellen auf. Sie fällt uns zu, oder besser, wird uns geschenkt, ohne dass wir den Weg nachzeichnen können, den sie ging. Wer sich durch Intuition bereichern lassen möchte, sollte eine gewisse Unbefangenheit und das unschuldige Staunen nicht verlernt haben. Denn es geht darum, eine Gewissheit zu akzeptieren, die sich der Frage nach ihrem Woher entzieht.

Aus welchen Quellen nun schöpft die Intuition?

Sie greift auf alles zurück, was geistig und energetisch im Menschen und in seinem lebendigen Umfeld ruht, die Übertragung von Gedanken und Gefühlen selbstredend nicht ausgeschlossen. Ihr dienen das biografische und das Leibgedächtnis genauso wie das universale Menschheitsgedächt-

---

5 Für Carl Gustav Jung war Intuition eine der vier psychischen Hauptelemente, neben Denken, Gefühl und Empfinden. Vgl. Jung 1981

nis. Sie stellt die Verbindung her zwischen Bewusstsein und Unterbewusstem, die Botschaft der Träume und den Schatz der Archetypen inbegriffen. Sie bedient sich im Vorbewusstsein, also all dessen, was aktuell nicht bewusst ist, es aber einmal war, und was wieder aktualisiert werden kann. Wie unermesslich allein dieser Fundus ist, wird aus der Tatsache ersichtlich, dass wir zwar nahezu alle Informationen speichern können, uns aber eben nicht an alle bewusst erinnern. Besonders hervorgehoben werden soll an dieser Stelle das Leibgedächtnis des Menschen. Im Alltagsverständnis reduzieren wir Gedächtnis und Gehirn gerne auf unser Kopfgehirn. Doch von nicht minderer Bedeutung ist dessen Abbild, das im Bauch des Menschen lebt und wirkt. Es besteht aus nahezu 100 Millionen Nervenzellen, steuert psychische Prozesse wie Freude und Leid. Es fühlt und hält eine kontinuierliche Kommunikation mit dem Kopfhirn von unten nach oben aufrecht. (Vgl. Roth 2008 und Luczak 2000) Seine Emotions-Gedächtnisbank beinhaltet Erinnerungen aus dem gesamten Leben, die pränatale Phase inbegriffen. Die Wissenschaft hat begonnen, dieses Nervensystem neu zu verstehen und damit seine herausragende Bedeutung für intuitive Prozesse. Das sogenannte „Bauchgefühl" und die „Weisheit des Bauches" erhalten damit einen neuen Sinn.

Um sich zum Durchbruch zu verhelfen, nutzt die Intuition jene besonderen Gelegenheiten im Leib-Seele-Geist-Komplex, in denen dieser empfänglich und offen ist für intuitive Botschaften. Das sind z.B. die Pausen nach langem, anstrengendem Denken und Grübeln, in denen sich schon so mancher Durchbruch „wie von selbst“ ereignet hat, auch wenn er anschließend wieder dem rationalen Geist zugeschrieben wurde. Für die Führungskraft ist es deshalb von größter Bedeutung, die persönlichen Bedingungen zu erkunden, die für solche Phasen der Empfänglichkeit hilfreich oder ausschlaggebend sind.

Ratio/Intellekt und Intuition müssen komplementär und sich ergänzend gesehen werden. Keiner ist für sich alleine hinreichend, was allein schon aus der Tatsache resultiert, dass beide irren können. So wie jede rationale Analyse bedarf auch jede Intuition der kritischen Befragung und Reflektion. Denn sie ist nie vor der Überlagerung durch Erfahrungen, Gefühle und Urteile gefeit und kann sich nicht selber kontrollieren. Hat sie aber den Reflektionsprozess des analytischen Geistes durchlaufen, vermag sie nicht nur zur Orientierungs- und Entscheidungshilfe zu werden, sondern auch zur mitteilbaren Erkenntnis. Prüfen Intellekt und Intuition sich gegenseitig und kommen sie zu ähnlichen Resultaten bzw. bestätigt der eine die Schlussfolgerungen des anderen, so liegt eine hohe Wahrscheinlichkeit für die Angemessenheit der eigenen Einschätzung vor. (Vgl. Bauer 2006, S 34)

Recht verstandene Intuition ist integral und wirkt integrierend für die unterschiedlichsten Wirklichkeitszugänge. Kann man diese Welt genauer beschreiben? Ein englisches Sprichwort sagt: „You will know it, when you feel it." Eine Umschreibung, losgelöst von der konkreten inneren Erlebnisdimension, ist also schwer und wird immer einen Rest an Abstraktion behalten. Die Erfahrung zeigt sich, während wir sie erfahren. Dann können wir nach Worten suchen. Bergson weist darauf hin, dass die Intuition sich der Formulierung als Idee bedient und Bildhaftigkeit verwendet, genau wie Vergleiche und Metaphern. (Vgl. Bergson 1948, S. 57 f.) Auch Gleichnisse können sicher das Verständnis eher heben als eine nüchterne, deskriptive Sprache.

Als eine der großen Geistgestalten der letzten Jahrhunderte hat Albert Einstein (1879-1955) unter Verweis auf seine eigenen geistigen Durchbrüche, etwa im Kontext der Relativitätstheorie, immer wieder auf die Komplementarität von Intellekt und Intuition hingewiesen. Zu den elementaren Gesetzen der Physik führt nach seiner Auffassung und Erfahrung kein „logischer Weg, sondern nur die auf Einfühlung in die Erfahrung sich stützende Intuition." (Einstein 1981, S. 111)

Nicht nur für die Wissenschaft, sondern auch für künstlerische Berufe und Prozesse und gerade für das unternehmerische und managementbezogene Entscheiden und

Handeln ist dieses Kreativpotential existentiell. In einer immer komplexer erscheinenden Welt kommen wir mit den alten Ansichten des Verstandes alleine nicht mehr zurecht.

### *Innere Ausrichtung*

Das intuitive Geschehen durchbricht die bisherigen Muster des Denkens und der Wahrnehmung. Dazu benötigt es Spielraum und innere Freiheit. Das bedeutet vor allem, das Korsett der Gewohnheiten und Routinen, der automatisierten Prozess- und Gedankenabläufe, der Verengungen von Problemsicht und Handlungsoptionen abzulegen. Es sind die ausgetretenen inneren Wege und gedanklichen Verhaftungen genau wie die unhinterfragten und festgefahrenen äußeren Gewohnheiten, die Überraschungen und neuen Orientierungen entgegenstehen. Vergleichbar kontraproduktiv wirken Tabus und Verbote. Sie führen zu einschneidenden Begrenzungen nicht nur der Wahrnehmung, sondern auch der sichtbaren Deutungs- und Handlungsoptionen. Angst und Stress verursachen gleichfalls entsprechende Blockaden in der äußeren und inneren Wahrnehmung.

Die zur Stützung intuitiver Prozesse notwendige innere Ausrichtung der Führungskraft hängt mit einer Haltung der Achtsamkeit bzw. Zeugenschaft zusammen. Durch sie werden alle Regungen wach und gegenwärtig wahr- und aufgenommen, seien sie geistig, seelisch oder leiblich. Bestimmt Achtsamkeit die innere Präsenz, hält sie auch die Intuition mit im Spiel. Dann führt der Blick, den die Intuition eröffnet, unter die Oberflächenschicht und abseits von dem raumzeitlichen Komplex, in dem sich unsere Wahrnehmung normalerweise aufhält. So widersetzt Intuition sich den Gesetzen der vorübereilenden messbaren Zeit und befreit aus ihrer Umklammerung. Sie lebt im sich Bewegenden und im Fließenden. Zeit macht sie nicht als Sequenz und als Abfolge erfahrbar, sondern als erlebte und metaphysisch gegebene Unmittelbarkeit. In ihr verschmelzen alle Zeitlinien, das Zukünftige eingeschlossen. Es ist das, was wir Kairos-Erfahrung nennen. Darunter kann man die Möglichkeiten und Chancen verstehen, die jeder Moment enthält, vorausgesetzt, wir sind wach und achtsam genug, diese wahrzunehmen. Fehlen allerdings diese Wachheit und Achtsamkeit, dann gehen Möglichkeiten oft unwiderruflich verloren, eilen gleichsam an uns vorbei.

Bereit zu sein für den intuitiven Vorgang, heißt, bereit dafür zu sein, so lange mit Fragen zu leben, bis wir, ohne es planen zu können, in die Antwort geführt werden. Das meint für Führung, sich selber von dem inneren Meister führen zu lassen.

Trainierbar ist nicht die Intuition, trainierbar ist aber all das, was mir erlaubt, auf sie zu hören, wenn sie anklopft.

Hier sind wir wieder bei Gefühl und Empfindungsvermögen als Wahrnehmungs- und Erkenntnisweisen und ihrem Recht, gehört zu werden, bevor der Verstand sich einmischt. Erfahrung und daraus erwachsendes Vertrauen treten hinzu, genau wie die Bewusstseinsfelder von Weisheit und Kontemplation, den Säulen vier und fünf.

## Weisheit

Weisheit als geistiger Kosmos, aus dem Führung sich speist, stellt zunächst weniger eine Erkenntnisweise dar als vielmehr das Substrat umfassender Erkenntnis selbst. Es sind das Auge der Weisheit und der Blick auf das Sein im Rahmen und im Kontext der Weisheitslehren, die einen ganz eigenen Wirklichkeitszugang eröffnen.

Jahrhundertelang waren die rationalen Geistes- und Handlungssysteme in Wissenschaft, Politik und Ökonomie nahezu schamhaft bemüht, die Weisheitslehren zu ignorieren, zumindest, wenn es um ihr eigenes Selbstverständnis und ihren Erkenntnisanspruch ging. Sie verriegelten damit den Zugang zu letzten Einsichten in eine Wirklichkeit, die immer mehr ist als das, was die empirischen, rationalen, ergebnis- und effizienzorientierten Augen zu sehen vermögen.

Die Weisheit ist eine Zeiten und Kulturen übergreifende Tiefensicht allen Geschehens. Deswegen trägt sie als sogenannte ewige Weisheit auch den Namen *Philosophia perennis*, also immerwährende Weisheit. In ihr berühren sich:

- naturhafte Gegebenheiten und Naturgesetzlichkeiten,
- kulturelle Ausprägungen und Ansprüche,
- gesellschaftliche Entwicklungsgegebenheiten und Anforderungen,
- psychische und physische Konstellationen des Menschen sowie
- die Frage nach Gottheit und Transzendenz.

Mit der Grundlegung und Autorität zum Teil jahrtausendealter Überlieferungen richtet die Weisheit einen gelassenen und souveränen Blick auf das Sein, das Werden und Vergehen. Die Vernunft der Weisheit gründet auf:

- menschlichen Erfahrungen,
- gesammeltem Wissen,
- intuitiv erworbenen Einsichten und
- Offenbarung.

Der Bogen, den sie schlägt, umfasst somit Immanenz und Transzendenz, Erde und Himmel, Zeit und Ewigkeit. Getragen wird dieser gewaltige Bogen von dem Fundament der Tugenden, die bei aller sprachlichen und kulturellen Unterschiedlichkeit, in der sie Ausdruck finden, doch in *einem* authentischen Wesenskern ruhen. Aus ihm erwuchsen die ethischen und spirituellen Traditionen der Menschheit, wie sie in den Weltreligionen und ihren heiligen Schriften bekundet werden. Exemplarisch zu nennen wären hier: die Weisheitsschriften der Bibel (v.a. Kohelet, Hiob, Sprüche, Weisheit, Hohelied, Jesus Sirach), der antiken chinesischen Philosophie (u.a. Konfuzius, Lao Tse), des Hinduismus (u.a. Bhagavad Gita, Ashtavakra-Gita), des Buddhismus (u.a. Predigt von Benares), der griechisch-römischen Philosophie, der mittelalterlichen Philosophie sowie der Philosophie der Aufklärung.

Wir können nicht von Weisheit und der mit ihr verbundenen Erkenntnis sprechen, ohne dass die Verinnerlichung der Tugenden zugleich mitbedacht ist. Weisheit, so betrachtet, ist damit selbst eine Meta-Tugend, die alle Einzeltugenden in sich vereinigt:

- als Liebe zu der sichtbaren und unsichtbaren Welt;
- als die Einsicht, Gutes tun zu wollen;
- als die Zuversicht, es auch zu können;
- als die Gewissheit, dass da immer ein Größeres ist, als unsere leiblichen und geistigen Augen erfassen;
- als die Hoffnung, dass wir zwar für unser Leben selbst verantwortlich, doch zugleich durch eine höhere Energie getragen sind.

Manchmal behutsam, ein anderes Mal schmerzhaft und existentiell ergreifend, lehrt die Weisheit, dass die Verfehlungen und das Scheitern in Vergangenheit, Gegenwart und Zukunft auf fehlende Einsicht, fehlende Erkenntnis und mangelndes Wissen zurückgeführt werden können. Deshalb gilt die Aussage, dass nur mit der in der Weisheit ruhenden Erkenntnis wir unserem Entwicklungsanspruch in Fülle gerecht werden und Tiefenheilung erfahren können. Damit er nicht vorzeitig an den Bedingungen scheitert, die ihn umgeben, stellt die Weisheit den nach ihr greifenden Menschen in die notwendige Distanz zu der Verfangenheit im Moment und den Wahrnehmungsbegrenzungen, die in der Situation liegen. Genau das macht ihren substantiellen Wert für Führungshandeln aus: das Geschehen des Moments und die Anforderungen und den Druck, die damit verbunden sind, auch aus einer überzeitlicheren Perspektive zu sehen; Gelassenheit an die Stelle des hypnotisierten Blicks auf die Schlange zu setzen; über sich und den eigenen Horizont hinauszuschauen; der Größe des Geistes in Vergangenheit, Gegenwart und Zukunft teilhaftig zu werden.

Doch Weisheitslehren fallen uns selten zu. Sie wollen entdeckt, studiert, meditiert und verinnerlicht werden. Sind wir die Berührung einmal in Tiefe eingegangen, endet sie nicht, und es erwächst daraus eine verlässliche Wegbegleitung, gerade in Krisenzeiten.

## Die Kraft der Stille

Rationale Analyse, sinnliche Erfahrung, Intuition und Weisheit – sie finden ihre mögliche Tiefe in der Welt der Stille, der Kontemplation und der inneren Haltung der Achtsamkeit.

Der Lärm der Gegenwart lastet wie ein Fluch über der Menschheit. Unablässig sind wir umgeben von Bildern, Tönen und den Geräuschen der Industriezivilisation. Kehrt einmal Stille ein, ist sofort ein Gerät zur Hand, das von ihr befreit. Die Ablenkungskultur funktioniert in erschreckend perfekter Weise. Stille und Besinnung sind ihr Todfeind. Der Mensch flieht vor sich selbst, weicht sich und seinen Seinsanfragen aus. Vor allem blockiert er jene tieferen Erkenntnisse und Einsichten, die nur zu erzielen sind, wenn der Rhythmus der sich endlos wiederholenden elektronischen Botschaften und des alltäglichen Geschwätzes unter- und durchbrochen wird. Das Verhalten auf den Führungsetagen in Wirtschaft und Politik ist hiervon nicht ausgenommen. Im Gegenteil!

Worte und das begriffliche, diskursive Bewusstsein an sich können, so unverzichtbar sie zur Errichtung der menschlichen Lebenswelt und der Orientierung darin auch sind, nicht das alleinige Medium des Erkennens und der Identifikation sein. Vor der Bedeutung des Seins und dem darauf bezogen manchmal Unsagbaren errichten sie Mauern der Benennung und der Trennung. Ihre Aufgabe, den rationalen Geist in Sprache und entsprechende Bilder zu fassen, widerstrebt allen Versuchen, sich der Tiefe der geistigen Welt analog zu nähern. Was nun meint an diesem Punkte „analog"? Bewegung im ruhenden Geist, die sich nicht in Worten um Erklärung bemüht, sich nicht im sprachlichen und kategorialen Universum beschränkt, ist eine Umschreibung. Es geht also um eine spezifische Weise des geistigen Wirklichkeitszuganges, eine innere Haltung und Ausrichtung, die ihre eigentliche Heimat in dem Bewusstsein findet, das sich vom kategorialen und vergleichenden Denken befreit hat.

Die so hervorgerufene Erkenntnis trägt eine Wahrheit in sich, die von innen her kommt, entschlackt von den Normen, Regeln und Kategorien einer konstruierten Welt.

Der uns im Alltag so leicht entgleitenden geistigen Welt nähern wir uns im Schweigen, in der Kontemplation wieder an und tauchen in sie hinein. Hier werden die Augenblicke geboren, in denen das Ewige aufscheint. Und mit diesem Emporsteigen des Zeitlosen legen wir die Gewänder und Masken ab, mit denen wir uns auf der so genannten Bühne des Lebens bewegen. Die äußeren Attribute, die so viel an Lebenszeit und Energie für sich fordern, und die Tyranneien der Gewohnheit, die jede Veräußerlichung mit sich bringt, verlieren ihre Geltung und ihre Macht. Die Ablenkungen, derer das sich selbst ausweichende Leben bedarf, und die Langeweile, die einsetzt, wenn ihr Reiz ermüdet – beide lösen sich im Heimatraum des Schweigens als Täuschung auf. Das kontemplative Schweigen reinigt, erfüllt und führt in inneres Wachstum. Und es heilt in dem ihm eigenen Heimatraum die gejagte und zerrissene Seele. Vor dem verwundenden Außen schirmt dieser Raum uns ab, nach innen lässt er heilende Energien zu, im Innen erweckt er Hingabe und Selbstheilungskräfte. Krisen bedürfen der Einkehr, und das erkennende und erwachende Leben befinden sich in Krisis als Dauerzustand. Das Wachstum, in das wir als Sinn des Seins gestellt sind, genau wie die alltäglichen und mit Verantwortung versehenen Tätigkeiten ziehen fortwährend Energien und leeren die Zisternen, die sich im Schweigen wieder füllen.

Über das Schweigen finden wir zu uns selbst, erwachen wir zu unserem wahren SELBST. Das Schweigen öffnet den Sehnsuchtsraum des Menschen, holt aus der Bindung an das Vergängliche in das Gewahrwerden des Überzeitlichen. Die Tiefe des Augenblicks, der Gehalt des besonderen Moments, die Kairoshaltigkeit einer Stunde offenbaren sich in der Stille. Zum rechten Zeitpunkt sucht die Seele

Ruhe im Schweigen, zur rechten Zeit erwachsen aus der Stille Kraft und Erkenntnis.

Doch was meint Schweigen in dem hier angesprochenen Zusammenhang eigentlich?

Diesem gab man bereits in der Antike den Namen Kontemplation. Mit (con) dem Heiligsten (templum) eins werden, so lässt sich die Kernbedeutung ausdrücken. Wir könnten auch von der erstrebten Vereinigung mit dem Urgrund allen Seins sprechen, dem wir auf dem Grunde unseres Wesens begegnen.

Der Schweigende hört! Er gibt sich hin, ohne Erwartungen, ohne Wertungen, ohne Gefühle. Kontemplation nähert an das nicht Fassbare an, will sich im Geist mit ihm vereinigen. Wo so Stille erfahren wird, wertet sie in der Folge auch alle Vorstufen auf. Aus ihrer Wahrnehmung heraus gelangen das momenthafte, erfüllte Schweigen im Alltag, gelangen die tiefe körperliche Ruhe, die Versunkenheit in Wort, Symbol, Bild und Idee zu ihrer ganzen Wesensfülle.

Der kontemplative Weltzugang stellt in eine besondere Beziehung zur Zeit. Für den Moment geschieht Befreiung aus dem ansonsten zeitlebens unentrinnbaren Zeitschicksal. Ganz im Hier und Jetzt gibt es kein Früher oder Später, sondern nur Unmittelbarkeit. Jeder Augenblick enthält potentiell alles. Die Stille unterbricht Gedanken und Routinen. Sie reinigt das innere Auge der Seele, es reinigt sich der Geist. Wirklichkeit tritt ihm jetzt klarer und schärfer gegenüber. Was das Denken kategorial und wertend, einengend und fixierend kolonialisiert, wird im Schweigen von Geist und Seele abgestreift.

Wo wollen wir auf das im denkenden Bemühen nicht zu Erfassende treffen, wenn nicht im Schweigen und der tiefen Stille? Wie wollen wir die für die Intuition maßgeblichen inneren Kanäle und Verbindungen reinigen, wenn nicht im loslassenden Schweigen? Hier eröffnet sich der Blick auf den Daseinsgrund, den möglichen Zukunftsraum des Menschlichen inbegriffen. Sein und Wesen werden durch die Teilhabe am Ganzen erkennbar. Es entsteht eine Gewissheit, die nicht zur ergebnislosen Verstrickung in ein Für und Wider provoziert. Diese Qualität von Erkenntnis und Wissen kann auch als transrational bezeichnet werden.

Beenden das Schweigen und die in ihm ruhende Erkenntnis die Macht des Wortes und die dem Erkennen Gestalt gebende Kraft der Sprache? Das Gegenteil ist der Fall. Das Wort erblasst, vereinsamt und verliert an Gehalt, wenn es der Bindung an das Schweigen entrissen wurde. Das lehrt der mediale, politische und systemspezifische Wort-Tsunami allenthalben. So kann schon um der Worte willen der Stille ein Eigenwert beigemessen werden. Worte und das Sprechen an sich erlangen ihre tiefe Bedeutung und ihre kommunikative Potentialität erst aus der Stille, aus dem bewussten Aussetzen alles Gesagten, ja des sprachlichen Denkens selbst. Hier reinigen sich die durch den flüchtigen Alltagsgebrauch abgegriffenen und oft verklebten Worte. Das Sagbare als Quelle aller Missverständnisse, Täuschungen und Enttäuschungen nimmt sich zurück, um neu komponiert werden zu können. Die Sprache entdeckt sich neu und gewinnt sich zurück als Medium zwischen den Mysterien des Seins und der sogenannten Alltagswelt. Zwar werden immer die Dinge bleiben, die wir wohl erfahren, aber nicht in Sprache ausdrücken können. Doch die aus dem Erfahrungsraum des Schweigens in den Klang tretende Sprache verschiebt die Barrieren schrittweise.

Der kontemplative Weg ist zweifellos anspruchsvoll. Und er erfordert hohe Kontinuität und Disziplin darin, immer wieder in die Übung zu gehen und jeden Lebensschritt entsprechend zu sehen. Insofern ist es ein radikaler Entwicklungs- und Erkenntnisweg. Er erfordert Mut, dem Unerwarteten genauso zu begegnen wie dem Dunkel der eigenen Seele. Er benötigt die Bereitschaft, selbst ein letztes Nichtverstehen gelassen und nüchtern da auszuhalten, wo neben den ersten vier Säulen auch die vollendende fünfte nicht weiterführt. Denn anders sind der innere Meister, das innere Auge der Erkenntnis und des Erwachens nicht zu befreien.

Der kontemplative Weg und die kontemplative Haltung stellen die Führungskraft in eine neue Beziehung zu sich selbst und zu den Systemen, die sie umgeben und denen sie dient. Es ist nicht überzogen, festzustellen, dass sie eine tiefgreifende Intervention in Sein und Bewusstsein mit sich bringen. Mit ihrem Voranschreiten entwickeln sich Achtsamkeit, Ethos, Klarheit, Übersicht und Gelassenheit mit.

Ein Einstieg, mit dem sofort begonnen werden kann:

*Beginne den Tag mit Besinnung in der Stille. Richte dich dann auf das aus, was vor dir liegt, und auf die innere Haltung, mit der du allem begegnen willst.*

*Beende den Arbeitstag mit Besinnung in der Stille. Betrachte dann, was dir begegnet ist und in welcher inneren und äußeren Haltung du dich befunden hast.*

# 6. KRISEN, OHNMACHT, SCHEITERN

Kompetenz, Klarheit, Erfolg, Sicherheit, Gelassenheit, Vorbildhaftigkeit – das sind Attribute, die mit einer Führungskraft in Verbindung gebracht werden. Und es ist großartig, wenn sich das in einem Menschen sowohl als persönliche Eigenschaften wie auch als professionelle Haltung vereinigt. Krisen haben da wenig Platz, und wenn sie in ein Scheitern führen, ist das in unserer erfolgs- und konkurrenzbesessenen Kultur schnell ein Stigma. Der Gescheiterte trägt sein Zeichen gleichsam auf der Stirn. Doch im Kleinen, etwa einem Projekt, oder im Großen, mit dem Unternehmen, der Organisation oder gar an sich selbst zu scheitern, ist oft genauso unausweichlich, wie sich mit Krisen im eigenen Leben und innerhalb des Systems konfrontiert zu sehen. Und manchmal ist das für die Führungskraft und auch für das System, in dem sie sich bewegt, ein Segen und der notwendige bzw. überfällige Entwicklungs- und Wachstumsimpuls.

Scheitern und Ohnmachtsgefühle gehören zu den Grunderfahrungen im Sein des Menschen. Vorstellungen von einer letzten Sicherheit oder uneingeschränkter Verlässlichkeit der Lebenskoordinaten sind nicht mehr als eine Illusion. Allem Erfolg und Status, allem Schönen und Beglückenden ist immer Unberechenbarkeit beigemischt.

Nun lässt sich ein Problem, das sich vor uns aufbaut, überwinden oder aus dem Weg räumen; manchmal mag es auch hinreichend sein, es schlicht zu negieren. Und Krisen, derer wir teilhaftig werden und die wir als solche erkennen, fordern ihr konstruktives Durchleben und ihre Bewältigung. Das Wesen des Scheiterns jedoch liegt in seiner Unwiderrufbarkeit. Das Gescheiterte in meinem Leben, sei es die berufliche Karriere, eine Beziehung oder Ehe, soziale Anerkennung oder der Lebensentwurf – ihr Zerbrechen ist nicht umkehrbar und auf der Ebene des Bruchs auch nicht heilbar. In der Folge scheitern auch die gängigen Antworten und Lösungsmöglichkeiten mit. Unbarmherzig werden wir auf die Tatsache gestoßen, dass es an dem Punkt, an dem wir angelangt sind, nicht weitergeht; nicht mit den bekannten Mitteln, nicht auf den vertrauten Wegen. Doch jede Konfrontation mit dieser Form von Ohnmacht ist auch ein Zeichen für das Mögliche – vorausgesetzt, wir beginnen das Desaströse vom Standpunkt der Entwicklung und der existentiellen Heilung her zu betrachten und damit den Makel abzustreifen, der am Scheitern klebt. Denn im Makrokosmos der Kultur, im Mesokosmos der Systeme und im Mikrokosmos des einzelnen Menschen lebt das Scheitern, leben der kleine und der große Bruch in Gleichberechtigung neben der Schönheit des Gelingens. Dies zu respektieren wird zur Basis dafür, sich fordernden Situationen und dem Leben an sich gestaltend zu stellen.

Die Annahme und das Durchleben des Scheiterns holen aus der Verfangenheit in zentrale Lebensillusionen. Mehrdeutigkeiten ersetzen die konstruierten Klarheiten. Was ich zunächst als Unfähigkeit ansah, etwas zu vollenden, zeigt sich nun als ein notwendiger Beitrag dafür, vollenden zu können. Das durchlebte und in gewissem Sinne erfüllte Scheitern sollte nicht mit passiver Hinnahme verwechselt werden. Man könnte eher von einem aktiven, wachen Dulden sprechen und einer Gelassenheit, die aus der Zeugenschaft mir selber gegenüber resultiert.[6] Die zunächst duldende Annahme des Scheiterns und des damit verbundenen Leides stellt den Menschen zu seiner Situation in eine erkennende und fühlende Beziehung. Diese Leidensfähigkeit bringt eine Sensibilität hervor, die Leiden auch bei anderen Menschen spürbar macht. Nur wer das Scheitern und die Ohnmacht kennt und sich wissend und fühlend damit vertraut gemacht hat, kann den Mitmen-

6 Dulden führt in die Geduld und damit in die Kardinaltugend einer sich wach und bewusst entwickelnden Seele. Die Geduld mahnt sowohl, wenn überstürztes Handeln droht, aber auch, wenn das Erlittene droht, den Menschen zu zerbrechen. Josef Pieper bezeichnet sie in Anlehnung an Thomas von Aquin und Hildegard von Bingen als den „strahlenden Inbegriff letzter Unverwundbarkeit." (Pieper 1934, S. 60)

schen bzw. den Mitarbeiter entsprechend erkennen und ihm helfend zur Seite treten. Wir können das bewusst angenommene und durchlebte Scheitern somit zu den Grundvoraussetzungen von Führungskompetenz zählen.

Im Durchleben und Aushalten, in der Synthese von Akzeptanz und Erkennen, bereiten sich schließlich die Energien vor, die in eine neue Ausrichtung führen können. Es braucht seine Zeit, um die Verengungen unseres Erkenntnishorizontes und die Wahrnehmungsblockaden aufzulösen. Es braucht Zeit, um präzise die Ursachen, die Bedingungen und Wechselwirkungen zu erkunden und zu bestimmen, die am Scheitern mitgewirkt haben. Dabei wird deutlich werden, dass es nicht nur die Situation ist, die mir zu schaffen macht, sondern meine Art und Weise, darauf zu schauen. Ich werde verstehen, dass ich für diese Blick- und Denkweise genau wie für meine Gefühle alleine verantwortlich bin, aber nicht die Situation als solche oder gar andere Menschen. Diese Analyse wird dann aber auch zeigen, dass Fehlschläge zwar mit der Führungskraft, aber nicht nur mit ihr zu tun haben. Immer sind „externe", systemische Bedingungen und andere Menschen beteiligt. Das kulturelle Muster, das diese Wahrheit unterdrückt, indem es Scheitern konsequent individualisiert, festigt allein die Macht überkommener und an sich überlebter Strukturen, und es verstärkt die Hilflosigkeit des Einzelnen.

Annehmend, erkennend und bewältigend zu scheitern, liegt der Stärkung dessen zugrunde, was wir Resilienz (Widerstandsfähigkeit) oder Krisenstabilität nennen.

Sich darüber im Klaren zu sein, dass Scheitern uns immer wieder begegnet, ist das eine. Als nicht minder bedeutsam kann jedoch die Bereitschaft eingeschätzt werden, sich diesem Umstand aktiv und vorbeugend zu stellen. Das gehört in den Verantwortungsbereich einer jeden Art von Führung.

Schlüsselfragen, die man sich regelmäßig und in unterschiedlichsten Kontexten stellen sollte, sind:

- Was kann (schlimmstenfalls) passieren?
- Wie kann ich vorbeugen?
- Was muss ich (schlimmstenfalls) durchleben?
- Mit welchen Konsequenzen kann ich rechnen?
- Wie werde ich damit umgehen?
- Wer wird bei mir sein?

Kommt es zu einem Ereignis oder einem Prozess, die ich auf mich und/oder das System bezogen als Scheitern wahrnehme, taucht die Frage nach dem Umgang mit der Situation auf. Soll nicht ein persönliches oder organisationsbezogenes Desaster am Ende stehen, geht auf dem Fundament der integralen Vernunft an folgenden Orientierungen kein Weg vorbei:

***Akzeptieren*** *dessen, was passiert ist, denn Geschehenes lässt sich nicht umkehren.*

*Dem* ***Ausweichen*** *und dem* ***Verdrängen widerstehen****, und sich der Situation und dem Prozess in größtmöglicher Offenheit und der Bereitschaft zur Selbstreflexion stellen.*

*Sich bewusst und in allen Facetten, gerade auch den mir unangenehmen, auf das Geschehene und Geschehende* ***einlassen****, es meditieren und achtsam durchleben.*

*Die Umstände dem betroffenen Umfeld* ***kommunizieren*** *und eine weitestmögliche Transparenz herstellen, damit Scheitern in persönliche und systemische Lernprozesse übergehen kann. Bereits das Ansprechen und Mitteilen, im Sinne von „miteinander teilen", erleichtert den Druck, der auf mir und auf dem System lastet.*

*Die Gründe und Hintergründe* ***analysieren****, und zwar in sachlichem, zeitlichem, sozialem und persönlichem Kontext. Die Konsequenzen auf jeder dieser vier Ebenen bedenken.*

*Das Geschehene* ***integrieren****, und zwar sowohl systemisch als auch persönlich.*

*Den Willen zur Veränderung bei mir selbst und bei den einbezogenen Mitarbeitern stärken und eine entsprechende* ***Wandlungsbereitschaft*** *signalisieren.*

***Vertrauen*** *in den Prozess der Veränderung aufbauen.*

*Die* ***Chancen****, die in jedem Moment liegen, erkennen und aufgreifen. Vieles ist zeitlich nicht planbar, und manches Lösungsfenster öffnet sich unerwartet. Erfahrungen der Ohnmacht und des Scheiterns vermögen zwar, gravierend zu intervenieren und zu irritieren, doch Zukunft verläuft nicht linear und gleichförmig. Sie hält Brüche und Augenblicke bereit, in denen grundlegender Wandel sich vollziehen kann, wenn wir die innere Wachheit haben, die Möglichkeit des Moments zu erkennen und entsprechend zu handeln, die Gelegenheit also beim Schopfe zu packen. Als Kairos werden solche Momente auch bezeichnet. Zur Kairos-Erfahrung kann dann allerdings auch die Einsicht gehören, dass Führung auf Zeit gegeben und kein Daueranspruch ist.*

# ZUSAMMENFASSENDE SCHLÜSSELAUSSAGEN

Führung ist ein Charisma auf Zeit. Neben dem unabdingbaren fachlichen Grundwissen hängt ihr Erfolg an der inneren und äußeren Haltung der Führungskraft sowie der Bereitschaft und Fähigkeit zur Selbstführung. Wertebasiertes und vorbildhaftes Handeln, die Liebe zu Menschen und zum Leben, Klarheit und Visionsfähigkeit sind Schlüsselbegriffe. Hinzu tritt die Fähigkeit, empathisch zu kommunizieren. Denn Führung ist Kommunikation, ist Verständigung, ist Vernetzung. Wenn es an diesem Führungsverständnis mangelt bzw. Führung nicht als Dienst an der Organisation *und* der Gesellschaft gesehen wird, entstehen Werte- und Vertrauenskrisen, die in ökonomische und politische Krisen münden, wie wir sie in der Gegenwart erleben.

- Erfolgreiches Führen beginnt mit der Fähigkeit zur Selbstführung.
- Führen ist ein anspruchsvoller Dienst für die Organisation, die Mitarbeiter und die Gesellschaft/Kultur insgesamt.

- Neben dem rationalen Denken sind auch Gefühle, Intuition, Weisheit und eine Kultur der Besinnung für Führung essentiell.
- Die Werte einer Führungskraft zeigen sich in ihrer Weise der Kommunikation.
- Der Umgang mit Scheitern lässt sich lernen, und die Erfahrungen von Ohnmacht und Scheitern lassen sich integrieren, ohne die Visionsfähigkeit zu verlieren.

# LITERATUR

Joachim Bauer: Warum ich fühle, was du fühlst. Intuitive Kommunikation und das Geheimnis der Spiegelneurone. München 2006

Henri Bergson: Denken und schöpferisches Werden. Meisenheim 1948

Martin Buber: Das dialogische Prinzip. Gerlingen 1962

Albert Einstein: Mein Weltbild. Frankfurt a. M./Berlin/Wien 1981

Claus Eurich: Die heilende Kraft des Scheiterns. Ein Weg zu Wachstum, Aufbruch und Erneuerung. Petersberg 2014/2006

Claus Eurich: Mensch Werden. Ein Appell an unsere Eliten in Wirtschaft und Gesellschaft. Wiesbaden 2013

Gerd Gigerenzer/Werner Gaissmaier: Intuition und Führung. Wie gute Entscheidungen entstehen. Gütersloh www. bertelsmannstiftung.de/bst/de/media/xcms_bst_dms_36110__2.pdf, 2006

Hans Jonas: Das Prinzip Verantwortung: Versuch einer Ethik für die technologische Zivilisation. Frankfurt a. M. 1979

Carl Gustav Jung: Psychologische Typen. Gesammelte Werke, Bd. 6., Olten 1981

Hania Luczak: Wie der Bauch den Kopf bestimmt. GEO, Heft 11/2000 (http://www.geo.de/GEO/mensch/medizin/686.html?p=9)

Josef Pieper: Vom Sinn der Tapferkeit. Leipzig 1934

Gerhard Roth: Mit Bauch und Hirn. DIE ZEIT, Heft 48 vom 22.11.2008

Albert Schweitzer: Aus meinem Leben und Denken. Hamburg 1980

**Kontaktmöglichkeit:**

clauseurich@web.de

## Weitere Bücher aus dem Verlag Via Nova:

### Über den eigenen Schatten springen

**Vom Ego in die Liebe zum Leben**

**Claus Eurich**

Hardcover, 224 Seiten, ISBN 978-3-86616-315-7

Leben wir in einer Zeit des Übergangs? Vieles spricht dafür! Alte Denkweisen und Handlungsstrategien scheinen den heutigen Herausforderungen der Menschheit nicht mehr gerecht zu werden. Was braucht es also für den nächsten Schritt der menschlichen Evolution? Jedenfalls ein grundlegend neues Verständnis über das Menschsein, der psychologischen, philosophischen und spirituellen Hintergründe seiner bisherigen Entwicklung und vor allem: heilsame Einsichten und Erkenntnisse! Dies alles finden Sie in diesem Buch, das uns im Tiefsten erinnern lässt an die großartigen schöpferischen Potentiale, die in uns stecken, wenn wir nur lernen, unser Ego-Bewusstsein zu transzendieren. Entdecken Sie notwendig neue und heilsame geistig-spirituelle Horizonte - tiefgründig, empathisch, hoffnungsvoll!

### Die heilende Kraft des Scheiterns

**Ein Weg zu Wachstum, Aufbruch und Erneuerung**

**Claus Eurich**

Taschenbuch, 144 Seiten, ISBN 978-3-86616-293-8

Jeder Mensch, selbst der erfolgreichste, kennt die Erfahrung des Scheiterns. Entscheidend ist jedoch, wie wir mit dieser Erfahrung umgehen, ob wir sie als Schwäche und Makel betrachten oder als Chance und Motivation. Dieses Buch verändert den Blick auf das Scheitern grundlegend und eröffnet eine ganz neue, heilsame Perspektive im Umgang damit. Es zeigt, welch große innere Wachstumspotentiale scheinbare Misserfolge und persönliche Krisen in sich bergen, wenn wir nur ihre inneren Botschaften erkennen. Vor allem in heutigen Zeiten des Wandels, wo auch im Großen Altes sich auflöst und Neues entsteht, erweist sich dieses Buches als wertvoller praktischer Begleiter für die eigene Lebensgestaltung und die persönliche Transformation.

## Das Gute im Bösen

### Die Versuchung als Impuls für das innere Wachstum

### Claus Eurich

Hardcover, 144 Seiten, ISBN 978-3-86616-160-3

Wie die Erfahrung des Bösen das Gute im Menschen und seine Entwicklung fördern kann. Das Böse gehört als Verhängnis, als moralische Verfehlung und als metaphysische Macht zur unumstößlichen Wirklichkeit. Es tritt auf als dunkle Energie, die wir mit Zerstörung, Unglück, Verzweiflung und Leid in Verbindung bringen. Dieses Buch verbindet die wichtigsten Erkenntnisse über Erscheinung und Wesen des Bösen mit der Frage nach dem verborgenen Guten, das durch das Böse erweckt werden kann. Es gibt Hinweise, wie Menschen sich durch das Erkennen ihrer eigenen Anteile und durch eine andere, bewusste innere Ausrichtung dem Zugriff des Bösen schrittweise entziehen können.

## Wege der Achtsamkeit

### Über die Ethik der gewaltfreien Kommunikation

### Claus Eurich

Hardcover, 184 Seiten, ISBN 978-3-86616-089-7

Der Mensch ist Kommunikation. Jedes Wort, jede Geste, alles Tun und Nicht- Tun enthält eine Botschaft. In der Weise unseres Kommunizierens mit der Um- und Mitwelt, mit unserer Innenwelt und mit dem göttlichen Bereich erweist sich zugleich die Tiefe unserer ethischen und spirituellen Beheimatung. In drei Abschnitten geht dieses Buch der Beziehung von Spiritualität, Ethik und Kommunikation nach. Ein wesentlicher Fokus liegt dabei auf der wechselseitigen Verbundenheit allen Seins. Der Entwurf eines integralen Ethos mündet schließlich in grundlegenden und zugleich konkreten Schritten einer gewaltfreien und empathischen Kommunikation.Wir lernen uns entsprechend auszurichten. Sowohl im Alltagsleben eines jeden Menschen als auch in beruflichen und systemischen Kontexten kann dies eine große Hilfe auf dem Weg achtsamer Lebensgestaltung sein.

## Quantensprung im Business

### Erfolgreich in die neue Zeit! / Siglinda Oppelt

Hardcover, 320 Seiten, 12 Grafiken, ISBN 978-3-86616-187-0

Das Buch gibt erfrischende Impulse, Ökonomie neu zu verstehen. Es vermittelt fundiert und leicht verständlich, wie unsere Wirtschaft - durch die Brille der Quantenphysik gesehen - funktioniert, und macht die Kraft des Geistes - den „Spirit in Business" - auf dem Boden der ökonomischen Tatsachen sichtbar. In der Zusammenschau von Ökonomie, Spiritualität und Quantenphysik sorgt die Autorin immer wieder für Aha-Effekte. Und so wird in der Bilanz sichtbar, welcher Geist sich ökonomisch auszahlt. An vielen Praxisbeispielen wird deutlich, wie Vorreiter- Firmen ihren einzigartigen Spirit lebendig halten und wie sie mit einem Geist der Wertschätzung, des Respekts, der Achtung, der Würde, des Vertrauens, der Liebe, der Freude... Quantensprünge im Erfolg erreichen. Die Zukunft gehört denen, die sie machen. Ein Buch, das beweist: Eine andere Wirtschaft ist möglich! Sie findet bereits statt.

## Schöpferisches Management

### Die Weisheit des Veda – Wie Sie Ihr Leben erfolgreich gestalten / Alois M. Maier

Paperback, 208 Seiten, ISBN 978-3-86616-017-0

Die Gesetze des Managements sind Lebensgesetze und gelten für alle Bereiche des Lebens. Schließlich ist jeder der Manager seines Lebens. Dass dies gut gelingt, dazu möchte dieses Buch beitragen. Management wird hier in einem neuen Licht betrachtet. Management ist eine schöpferische und eine spirituelle Disziplin. Deswegen können die geistigen Gesetze, die im Veda überliefert werden, so hilfreiche Impulse geben. Management, Schöpfersein und Spiritualität gehören notwendig zusammen, und eine Abkoppelung des Managements von den geistigen Gesetzen des Lebens wird niemals zu ganzheitlichem Erfolg führen. Wer die Gesetze des Erfolges anwendet, so zeigt der Autor, wird ganz notwendig seinen Erfolg im Leben finden – und der Erfolg wird auf leichte Weise kommen! Wenn Sie Ihr Leben selbst in die Hand nehmen und zum Gestalter Ihrer eigenen Zukunft werden wollen, dann haben Sie in diesem Buch einen einzigartig praktischen und nützlichen Ratgeber und Begleiter.